新未来

———————— 想象，比知识更重要

时空投影

Shadows of Reality

The fourth Dimention of Relatvity, Cubism and Modern Thought

第四维

在科学和现代艺术中的表达

Tony Robbin

〔美〕托尼·罗宾 著

潘可慧 潘涛 译 潘涛 校

新星出版社 NEW STAR PRESS

献给

琳达·亨德森（Linda Henderson）和

汤姆·班乔夫（Tom Banchoff），

他们率先攀缘，抛下绳索。

仿佛就在一闪念，我感受到、并给出了处理四维空间实际效用的证据。而且应该记住的是，表现四维空间的各种透视表征就是真实空间中的图形，哪怕这些图形性质还不完全，在很大程度上也是被允许研究的。

——詹姆斯·约瑟夫·西尔维斯特（James Joseph Sylvester）

1869 年 12 月 30 日

目录

中文版序

我在大学的时候，读过一些译本，中国哲学家庄子、老子和慧能，给我留下了深刻的印象。我感谢这些作家，因为总的来说，他们给了我信心，使我能够在很多年后写这本书。他们鼓励我用一种流动的体验感，去感受一种抽象的本质的存在，并对传统的现实持一种独立的看法。

自从我写这本书以来，物理学已经发生了变化。我们现在研究暗物质和暗能量，并谦逊地意识到我们几乎对宇宙的更大组成部分一无所知。随着弦理论的发展，数学和物理学之间的界线变得越来越薄，而"信息"已经被熵所识别。黑洞和引力波以其存在的直接证据，将过去的理论变为现实。

没有改变的是物理发生空间的形象化的价值和必要性。菲利克斯·克莱因、阿尔伯特·爱因斯坦、赫尔曼·闵可夫斯基、罗杰·彭罗斯和尼古拉斯·德布罗金丰富了物理学（和文化），因为他们认为物理实在（physical reality）是人们可以看到的东西，而不仅仅是写方程式。

不同的客观、物理空间，丰富了主观、体验空间。将高维几何、非欧几何、射影几何或准晶几何作为常规三维网格的选择，使绘画、电影、文学、舞蹈更加自由。

我对准晶的德布罗金算法、非定域现象以及这两部分物理之间的可能关系越来越感兴趣。因此，尽管近年来我专注于我的绘画，物理学的吸引力——物理学所能提供的灵感——从未离开过我。

托尼·罗宾

2019 年 4 月 16 日

前　言

　　我们此时此地在行走，但存在一个外部空间，一个影响我们自己无限空间的空间，或换个夸张说法，一个完全应用在我们空间或插入我们空间的空间吗？也许我们留存着从子宫中的记忆里突然进入的冰冷的无限空间中的记忆，这些记忆培养了我们的信念，即这样一个超越空间的空间是可能的。数学可以界定和征服那个额外空间，把四维几何（four-dimensional geometry）变成一个可感世界，或许甚至可能和三维世界一样可感。在19世纪，数学家和哲学家们用两种数学模型来探索和理解这种困难的思想：平面国模型（切片模型）和影子模型（投影模型）。

　　我们可以通过思考椅子不同的二维表现形式，来理解这两个四维空间的隐喻。平面国模型（Flatland model）假设观察者是漂浮在水面上的浮渣。当椅子滑进他们的表面世界时，椅子的连续切片会被湿润。首先，四条腿看起来像四个圆圈；然后，座椅看起来是一个正方形；然后，当椅背接近水的时候，又出现了两个圆圈；最后，椅子后部那薄薄的长方形出现在二维世界中。但是在影子模型（shadow model）中，如果太阳把椅子在一个光滑海滩的表面上投下影子，整个椅子就将出现在生活于那个海滩上的任何二维生物面前。的确，在阴影下，各部分之间的长度或角度可能被投影扭曲，但椅子的连续性得以保持，且保持了椅子各部件之间的关系。

切片模型（slicing model）的力量在于它以微积分为基础，它强化了这样一种观念，即切片代表实在（reality），捕捉无限薄片的空间，然后将它们叠加在一起来定义运动。此外，每个时刻所有空间的堆叠是时间的定义；人们经常听到时间是第四维度的说法。切片模型在数学上是自洽的，因此是正确的，它通常被认为是四维实在（four-dimensional reality）的精确、完整和专有性的表示。这似乎是故事的结尾，但"平面国"隐喻（Flatland metaphor）既能解放思想，同时又束缚了思想。

投影模型（projection model）是一种与切片模型同时发展起来的同样清晰、强大的结构直觉。与流行的论述相反，正是投影模型在 20 世纪初形成了革命性的理念。作为这一投影隐喻（projection mataphor）的一部分，那些发展起来的理念仍然是当代数学和物理学最先进思想的基础。与基于微积分的切片模型一样，投影模型也是自洽的和数学上正确的；它得到射影几何学的支持。射影几何学是一种优雅、强大的数学，它和微积分一样，在 19 世纪蓬勃发展。在射影几何学中，无穷远点位于射影直线上，是直线的一部分，这种使无穷远成为空间一部分的简单调整，极大地改变和丰富了几何学，使之更像空间的方式。投影图形是整体的，切片图形不是整体的，而平面国空间模型的不连通性更存在问题。即使是时间，也不能这么简单地描述成一系列的切片。

巴勃罗·毕加索（Pablo Picasso）发明立体主义（cubism）时，不仅研究了一本数学书中四维立方体的投影，而且阅读了诸多文本，既包括图像，还包括思想。赫尔曼·闵可夫斯基（Hermann Minkowski）用四维几何学整理狭义相对论（special relativity）时，脑海中有投影模型；仔细阅读他的文本，就会发现这一点。尼古拉斯·德布罗金（Nicolaas de Bruijn）生成准晶的投影算法，革命性地改变了数学家对模式和晶格（包括使物质变得坚实的原子晶格）的思考方式。罗杰·彭罗斯（Roger Penrose）指出，光线更像是投影直线，而不是空间中的规则线，由此产生的扭量纲领（twistor program）是自阿尔伯特·爱因斯坦（Albert Einstein）的发现以来物理学中最具挑衅性、最深刻的结构调整。射影几何学如今正被应用于量子信息论（Quantum Information Theory）的佯谬中，而在量子物理学中，正四维几何图形的投影正以一种最令人惊讶的方式被观察到。为了研究量子泡沫，我们使用投影方法攀登维度阶梯，这是对量子世界空间的激动人心的最新尝试。这种新的投影模型，为我们提供了无法在不引发绝望佯谬的情况下被简化为平面国模型的一种理解。这些投影模型的新应用，发生在计算机图形学对高维对象全新的运动图像之时。高维图形可视化的计算机革命，将在第 10 章介绍。

　　射影几何学开始于艺术家们试图在二维表面上创造空间和三维形式的错觉。[①] 数学家将这些**透视**法推广到任何方向，并最终在任意维数中研究那些对象，从而建立了广义**投影**。同时，**透视**演变为**射影变换**，在这种情况下，对象和空间有着视觉一致性，因为结构是通过一系列来来回回的投影操作（包括那些投影对象到自身）形成的。最后，**射影**表示由齐次坐标定义的系统，其中度量维、方向等

① 参见：《现代世界中的数学》，M. 克莱因主编，齐民友等译，上海教育出版社，2007 年，261—276 页。本书的脚注，皆为译者注。

概念失去了所有传统含义，但获得了与现代理解相关的丰富性。**透视**（perspective）、**投影**（projection）、**射影变换**（projectivity）、**射影**（projective）——这些微妙的概念相互促进，建立更高层次的抽象，直到它们定义了包含在高维框架中的自引、内聚的结构。这样的高维框架，随着它们变得越来越熟悉，随着文化稳定它们的外观，现在开始有越来越多的实在性。

我在这个旅程上行走了三十多年。在本书中，我愉快地回顾了第一次出现四维几何投影模型的时候。我更了解华盛顿·欧文·斯特林厄姆（Washington Irving Stringham），19 世纪数学家，他的四维图形在欧洲和美国引起了轰动。我发现了奇人 T. P. 霍尔（T. P. Hall），他在 75 年前就预料到了计算机生成四维图形的行为。我看到了毕加索发明真正的立体主义那一刻，如果没有这种回顾目光，我就永远不会遇到在毕加索的四维空间中探索的缪斯——尤物爱丽丝·德兰（Alice Derain）。我一直想更好地了解闵可夫斯基的心态。很高兴能在哥伦比亚大学科学与数学图书馆、克拉克大学档案馆那布满灰尘的书库里发掘，我也对美国和欧洲新的电子邮件伙伴、档案管理员表示感谢。

更令人兴奋的是，与健在的数学家和物理学家交谈，加深了旧时的友谊，结交了新的朋友。本书后面章节中的许多人都是出于对我的艺术作品的尊重，我对第四维（the fourth dimension）的开创性计算机编程，以及我对四维几何可视化的承诺，从而为我留出了时间。他们对我的接受和对我的访问，使得这个漫长的写作项目值得一试。我得到，我付出。

致　谢

　　数学家斯科特·卡特（Scott Carter）和查尔斯·斯特劳斯（Charles Straus）都应该得到特别的感谢。他们花了很多时间与我会面，教书，讨论，辩论。他们阅读并评论了早期的暂定草稿，以及后来更详细的草稿。他们发电子邮件给我解释和绘图，甚至研究我提出的问题。我非常感谢他们的耐心、知识和慷慨。没有他们的帮助，就不会有本书。

　　这部手稿的其他读者是 P. K. 阿拉文德（P. K. Avavind）、弗洛伦斯·法萨内利（Florence Fasanelli）、乔治·弗朗西斯（George Francis）、琳达·亨德森（Linda Henderson）、简·舒尔（Jan Schall）和马乔里·塞尼查尔（Marjorie Senechal）。他们每个人都花时间仔细阅读，每个人都把他们的专业判断带到了文本中，并提出了有益的建议，我将永远感谢这些建议。文本中的任何错误都是我自己的责任。

　　克拉克大学的档案学家莫特·林恩（Mott Lynn）和约翰斯·霍普金斯大学的詹姆斯·斯蒂姆珀特（James Stimpert）提供了一些模糊原始资料的拷贝，如同伯克利的数学家卡尔文·摩尔（Calvin Moore）和德国哈勒的埃德尔特鲁德·布赫斯泰纳 - 基斯林（Edeltraude Buchsteiner-Kiessling）所做的那样。画家加里·特南鲍姆（Gary

7

Tenenbaum）在巴黎为我找到并购买了一本 1903 年茹弗雷（Jouffret）文本的珍本。

我在哥伦比亚大学使用了好几个图书馆：数学和科学图书馆、工程学图书馆、珍本手稿藏书馆，以及艾弗里建筑和美术图书馆。位于奥尼昂塔的纽约州立大学米尔恩图书馆对我帮助也很大，正如奥尼昂塔的哈特威克学院的史蒂文斯 - 德意志图书馆一样。位于奥尔巴尼的纽约州立图书馆也是文本的来源。纽约市的图书馆特别是科学、工业和商业图书馆，藏书丰富，对我非常有用。所有这些图书馆，都值得我们继续支持。

我应邀参加加州大学欧文分校数学行为科学研究所、伊利诺伊大学贝克曼研究院、明尼苏达大学数学及其应用研究所的学术会议。这些会议和实地访问非常有帮助。为了这本书，我采访了 P. K. 阿拉文德、约翰·贝兹（John Baez）、罗尼·布朗（Ronnie Brown）、斯科特·卡特、戴维·科菲尔德（David Corefield）、乔治·弗朗西斯、恩格尔伯特·舒金（Englebert Schucking）、马乔里·塞尼查尔，非常感谢他们的帮助。舒金还邀请我和彭罗斯（Penrose）共进晚餐，其间我有机会直接请教彭罗斯；这是一种款待，也非常有教益。我也很感激迪克·德布罗金（Dick de Bruijn）花时间发了长长的电子邮件，威廉·伍特斯（William Wootters）和杰夫·威克斯（Jeff Weeks）花时间跟我通话。我很高兴见到佩吉·基德维尔（Peggy Kidwell），他澄清了一些历史细节。

当我的法语或德语不够用时，我转向库尔特·鲍曼（Kurt Baumann）、道格拉斯·查卡（Douglas Chayka）、汤姆·克拉克（Tom Clack）、弗朗西斯·加布里埃尔（François Gabriel）、玛塞尔·科泽斯基（Marcelle Kosersky）和玛丽安娜·诺伊贝尔（Marianne Neuber）。特别感谢作曲家格里·斯托纳（Gerry Stoner）和埃伦·富克斯（Ellen Fuchs）在我准备手稿过程中的帮助。戴维德·塞沃恩（Davide Cervone）和乔治·弗朗西斯还为我制作了特别的插图，一图值千言。

在耶鲁大学出版社，高级科学编辑琼·汤姆森·布莱克（Jean Thomson Black）以极大的精力和洞察力投入这个项目中，我很感谢她的帮助。同样在耶鲁大学出版社，我感谢劳拉·达夫利斯（Laura Davulis）的帮助。对于杰茜·亨尼克特（Jessie Hunnicutt）最细致地编辑，我要特别感谢她。

没有我出色的经纪人罗宾·斯特劳斯（Robin Straus）一如既往的支持，什么都不会发生。

最后，我的妻子雷娜·科塞尔斯基（Rena Kosersky）和儿子马克斯·罗宾（Max Robbin）的坚定支持（和宽恕）是我一贯的动力。

第一部分

射影模型的过去运用

第1章 四维几何的起源

在数学家菲利克斯·克莱因（Felix Klein）去世后出版的回忆录《数学在 19 世纪的发展》（1926 年）中，克莱因谈到赫尔曼·格拉斯曼（Hermann Grassmann）时说他与"我们这些学者"不同，"我们这些学者生活在激烈的竞争中，就像树林里的树，一定要又细又长，只是为了要高出别的树，才能获得自己那一份阳光和空气，才能生存。但是如格拉斯曼这样孤独孑立的人，却可以向各个方面生长"[1]（161 页）。格拉斯曼从未获得大学职位，只在德国几所中学教书，因此被允许成为一名多面手：哲学家、物理学家、博物学家和专门研究印度教经典之作《吠陀》的文体家。格拉斯曼的数学思想超出了主流思想的范畴；他的伟大著作《延伸理论》（1844 年）很少有人读，甚至被克莱因描述为"无法卒读"[2]。然而，这本书中更多的是哲学，而不是数学，它首次提出了一个系统，其中空间及其几何成分和描述可以外推到其他维度。

格拉斯曼在他的哲学思考中，并不是完全孤独的。奥古斯特·莫

---

[1]《数学在 19 世纪的发展》（第一卷），菲利克斯·克莱因著，齐民友译，高等教育出版社 2010 年版，144 页。
[2] 同上，145 页。

比乌斯（August Möbius）推测，一个结构像左转圆形楼梯的左旋晶体，可以通过穿越第四维变成一个右旋晶体。阿瑟·凯莱（Arthur Cayley）在 1844 年 22 岁时发表了一篇关于四维解析几何的论文，他和其他几个人研究了一般四维几何学的概念。但这些不同的思考既缺乏临界质量，也缺乏具体的几何解释。

然而，在 19 世纪下半叶，四维几何学随着正立体（空间的几何构件）的四维类比的发现和描述而迅速发展。在三维中有 5 个正立体：正四面体、立方体、正八面体、正二十面体和正十二面体（图 1.1）。它们都是"柏拉图式的"，因为它们是正的：不仅每个二维边界面相同，而且每个顶点都相同。然而，在四维中，有 6 个正立体，也称为多胞体（图 1.2）。

根据加拿大杰出的几何学家哈罗德·斯科特·麦克唐纳·科克塞特（Harold Scott MacDonald Coxeter）的说法，在四维空间中发现正立体的功劳应该归于路德维希·施莱夫利（Ludwig Schläfli，1814—1895）。他的著作《连续流形理论》（1852 年），有一个很像格拉斯曼的标题和精神，但有着强烈的分析方法，远远超出了以前所做的工作。在微积分中，积分计算曲线下的面积。通过讨论积分之积分之积分，施莱夫利计算了"多球"的四维体积。施莱夫利接着将欧拉理论（Euler's theory）推广到四维。这个由瑞士数学家莱昂哈德·欧拉（Leonhard Euler）在 18 世纪提出的非常有用的公式，常被表述为：在三维图形中，顶点数减去边数加上面数减去整个图形数等于 1（即 $v - e + f - c = 1$）。也就是说，在立方体中，8 个顶点减去 12 条棱加上 6 个面减去 1 整个立方体等于 1。施莱夫利指出，减加、减加模式无限期地从顶点开始，直至达到整个图形。对于四维立方体，即超立方体，

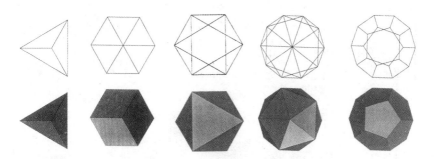

图 1.1 三维空间的 5 个正立体。计算机绘图由宫崎兴二（Koji Miyazaki）和石井源九（Motonaga Ishii）所作，经许可使用

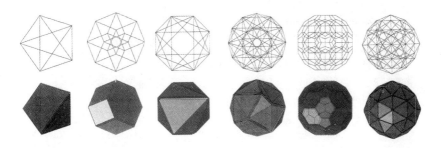

图 1.2 四维空间的 6 个正立体。计算机绘图由宫崎兴二（Koji Miyazaki）和石井源久（Motonaga Ishii）所作，经许可使用

施莱夫利最终确定，16 个顶点减去 32 条棱加上 24 个面减去 8 个立方体（即胞体）再加上 1 整个超立方体，等于 1（即 $v-e+f-c+u=1$）。了解正图形的欧拉规则，并能够计算高维正图形的体积，施莱夫利发现了哪些多胞体（polytope）可以容纳哪个多球，以及如何"解剖"多胞体，以揭示它们的低维胞体。尽管施莱夫利的书很艰深，但他的结果清晰且令人信服，且有立体对象可供使用，从而使工作从抽象和分析转向几何，最终转向视觉（专栏 1.1）。

1880 年，华盛顿·欧文·斯特林厄姆（Washington Irving

专栏 1.1 多胞体与施莱夫利符号

施莱夫利的研究结果，以所谓的施莱夫利符号（Schläfli symbols）来精巧概括。三维正立体被标记为 {3，3}、{4，3}、{3，4}、{3，5} 和 {5，3}，分别指：三条边的面围绕每个顶点吻合三次，形成四面体；四条边的正方形围绕每个角组装三次，形成立方体；三角形围绕每个顶点吻合四次，形成八面体；三角形依次相交五个，形成二十面体；五边形依次相交三个，形成十二面体。四维中的六个正凸多胞体是：{3，3，3}，四维四面体，其中三个四面体围绕每一条棱吻合；{4，3，3}，四维立方体（即超立方体 hypercube、tesseract），其中三个立方体围绕每条棱吻合，形成正八胞体；{3，3，4}，四维八面体，正十六胞体，其中四个四面体围绕每一条棱吻合；{3，4，3}，四维立方八面体，在四维上是正的，但在三维中是半正的，围绕每条棱有 24 个八面体胞体吻合三次；{5，3，3}，四维十二面体，正一百二十胞体，其中三个十二面体围绕每条棱吻合；{3，3，5}，四维二十面体，正六百胞体，其中五个四面体围绕每条棱吻合。施莱夫利的著作，还描述了由科克塞特讨论的十种多胞体中的四种星状形式（图版 1）。

Stringham，1847—1909；专栏 1.2)，约翰斯·霍普金斯大学的一位研究员，在该大学的《美国数学杂志》上发表了 16 页论文《n 维空间中的正图形》。尽管斯特林厄姆的论文在很大程度上重复了施莱夫利的发现，但它首次包含了四维图形的插图。这篇论文在艺术史学家琳达·亨德森（Linda Henderson）重新发现之前早已被人遗忘，它在后来的 20 年里被每一篇关于四维几何的重要数学文献所引用，席卷了整个欧洲。

斯特林厄姆的方法，无论在他的绘画还是在他的数学中，都是定义了四维图形的三维胞体（即覆叠），然后，为了与他那个时代的机械制图方法保持一致，想象这些胞体折叠形成四维图形。例如，在三维

专栏 1.2 华盛顿·欧文·斯特林厄姆

直到艺术史学家琳达·亨德森重新发现了他的四维图形的有影响力的画，斯特林厄姆仍然是一个几乎不为人所知的人物。斯特林厄姆 1847 年 12 月 10 日出生于纽约西部的约克郡中心（现为德拉文）。即使在那时，当纽约西部人口更多的时候，它还是一个荒凉的地方：距布法罗 100 英里，距伊利 100 英里，距各地 100 英里。正如卡尔文·摩尔（Calvin Moore）在加州大学伯克利分校数学系的历史中所讲述的，内战后，斯特林厄姆的家搬到了堪萨斯州托皮卡的亲戚处。在那里，斯特林厄姆"建了一所房子，签了绘画交易，并在一家药店工作，同时在沃什伯恩学院兼职。他还在沃什伯恩担任图书管理员和书法老师。有了这种不同寻常的背景，斯特林厄姆申请并被哈佛学院录取"（摩尔，2004 年 2 月 4 日给笔者的电子邮件）。

1877 年，斯特林厄姆以最高荣誉从哈佛大学获得学士学位。1878 年，他被约翰斯·霍普金斯大学的研究生项目录取。阅读他在数学系的手写申请时，我高兴地注意到，他不仅打算学习数学，而且打算"尽可能继续学习美术"。为了支持他对学位的申请，在 1880 年 5 月 20 日致约翰斯·霍普金斯大学理事的信中，斯特林厄姆列出了前一年的十门课程，主要是微积分，但也包括符号逻辑、四元数、数论和物理学。最后，他提到，"我一直在私下研究 n 维空间的几何学"。1880 年 1 月至 5 月，斯特林厄姆就这个问题在科学协会和数学学院，以及威廉·E. 斯托里（William E. Story）创办的约翰斯·霍普金斯大学的数学俱乐部，进行了四次讲座。这些讲座最终成为斯特林厄姆在《美国数学杂志》上发表的第一篇论文。他的研究，似乎与学位课程无关，可能是对前一年所做工作的延续，在给大学校长丹尼尔·科特·吉尔曼（Daniel Coit Gilman）的类似陈述中，被列为"我认为不值得提及的其他杂乱无章的工作"（吉尔曼文档，米尔顿·艾森豪威尔图书馆，约翰斯·霍普金斯大学）。

从约翰斯·霍普金斯大学毕业后，斯特林厄姆前往欧洲，与伟大的德国几何学家菲利克斯·克莱因（1849—1925）一起在莱比锡观光和学习数学。斯特林厄姆充满了孩子气的兴奋写信给吉尔曼，他每周的研讨会"与克莱因教授出色的批判性能力不断发挥作用"。在研讨会上，除了德国学生之外，还有"英国人、法国人、意大利人和美国人（我自己）"。他希望在约翰斯·霍普金斯大学或哈佛大学谋得一个教职，这样他就可以在欧洲再待一年，但最终斯特林厄姆勉强接受了加州大学伯克利分校数学系主任的职位。从1882年秋季开始，斯特林厄姆最担心的事情发生了：尽管他很快就进入了院长的办公室，并成为学院的代理院长，直至1909年突然去世，但他很少有机会研究现代数学或做任何原创的工作。1884年，斯特林厄姆写信给吉尔曼（吉尔曼在伯克利工作过，也得到过这份工作），说他在行政事务上陷入困境。他抱怨说，"摄政委员会不断地在伯克利职员的判断肯定会更有能力的事情上，武断地行使权力"，并说，"我一直无法投入到我最喜欢的研究中去"。斯特林厄姆在这一时期之后发表了几篇论文，但主要是关于本科生数学教学中的一些问题。最终这位极具兴趣的杰出数学家，被大学政治的泥沼所吞没。

然而，斯特林厄姆很可能对他在伯克利期间所取得的成就感到满意。斯特林厄姆来到学校时，这所大学有四百名学生，是民粹主义的农民和工人之间的战场，他们把公立大学看作一条经济发展的道路，而贵族的铁路大亨们则希望把它作为一个游乐场。也许斯特林厄姆还记得自己的最初阶段，他致力于为这所公立学校提供专业的数学课程，直到今天，它仍然是一所领先的数学机构。

情况下，设想一个三角形，它的三条边都附着一个三角形。四面体，即此三角形的三维类比，可以通过折叠那三个外部三角形来构造和可视化，使它们的三个远角在三维空间中交会。他写道："特别是四重五角体（四维四面体，即正五胞体）有5个顶点、10条棱、10个三角形（面）和5个四面体边界（即胞体）。要构造这个图形，选择四个四面体中每一个的任意一个顶点，将它们联合起来。把彼此相邻的面合在一起。仍然有四个面是自由的，取第五个四面体，把其中一个面和剩下的一个面连在一起。所得到的图形，将是完整的四重五角体。"（1880年，3页）在一个富有想象力的飞跃中，斯特林厄姆将这些覆叠部件布置成爆炸式机械制图，其中的部件被稍微分开（图 1.3；专栏 1.3）。

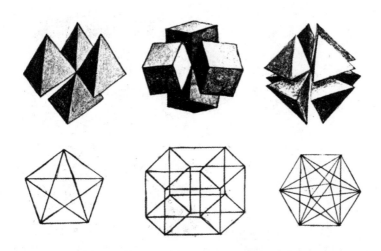

图 1.3 斯特林厄姆的四维图形的爆炸图。从左到右：四维四面体、超立方体和四维八面体

正十六胞体的构造方式类似于正五胞体，斯特林厄姆很容易描述和绘制它。在三维中，正八面体是立方体的对偶，它由立方体 8 个面的中心连接而成。正八面体切去立方体的角，形成有 8 个三角形面的图形，即两个基底为正方形的金字塔在其基底相合。四维正十六胞体由类似过程产生：取超立方体的 8 个胞体的中心，用等长的线将这些点连接起来，形成由 24 条棱、32 个面和 16 个正四面体胞体组成的紧致图形，其中 4 个正四面体胞体围绕每一条棱卷绕。再一次，斯特林厄姆要求我们想象一个尖头胞体的折叠："这个图形的棱是通过将每一个顶点与除其反极之外的每一个顶点，即 6 个相邻的顶点连接起来。"

斯特林厄姆以另一种方式构造了超立方体，方法是将立方体挤压成第四个空间维："它可能通过给三重立方体一个垂直于其所在的三维

专栏 1.3　机械制图

技法绘图或机械制图的发展与射影几何学的发展有着千丝万缕的联系，因为两者都是从文艺复兴的视角出发的。时至今日，菲利波·布鲁内尔斯基（Filippo Brunelleschi，1377—1446）、莱昂·巴蒂斯塔·阿尔贝蒂（Leon Battista Alberti，1404—1472）和皮耶罗·德拉·弗朗西斯卡（Piero della Francesca，约1420—1492）的技法和文本既代表了最先进的几何学，也代表了最先进的绘画技法。[①] 文艺复兴技法绘图提供的协同作用，推动了欧洲的科技进步。

加斯帕尔·蒙日（Gaspard Monge，1746—1818），被认为是现代机械绘图的发明者，延续了将射影几何学应用于描述有用对象的传统。蒙日在梅济耶尔的军事学院做教官，后来作为综合工科学校校长的工作，使用射影几何学来设计防御工事。这一应用对拿破仑（Napoleon）如此重要，直到蒙日的《几何描述》一书1803年出版时，它一直被保密。蒙日的基本方法是将空间中的物体投影到平面上，然后旋转该平面（嵌入图像）将其平放在页面上（图1.4）。多重投影进一步确定了研究对象。蒙日最复杂的绘图，显示了两个圆柱体相交的剖面图（图1.5）。在蒙日的文本中，有一些是通过物体的截面，但没有可以显示部件在拼合时如何装配的爆炸图。维克多·彭赛列（Victor Poncelet，1788—1867），蒙日最具原创力的学生，在俄国于1813年作为战俘时，思考他的老师的工作，发展了射影几何学的纯粹数学方面。克劳德·克罗泽（Claude Crozet，1790—1864）把此种绘图技法带到了美国西点军校，继续军事制图与机械制图的联系。

威廉·米尼菲（William Minifie，1805—1888）是巴尔的摩高中的一名建筑师和绘画老师，他在1849年出版了《几何绘图教本》，极大地推动了这门学科的发展。这本书在美国和英国被用作教材。即使是第一版，也有相当完整的机械制图方法目录：几何物体用其"覆盖"（即展开图形）来显示（图1.6）；用透明的表面或被移除的部件来显示；以及显示为剖面、仰角和平面图。侧视图和底视图都是旋转显示的，这样两种视图在页面上

---

① 参见：《西方文化中的数学》，M. 克莱因著，张祖贵译，复旦大学出版社2005年版，第十章"绘画与透视"，第十一章"从艺术中诞生的科学：射影几何"。

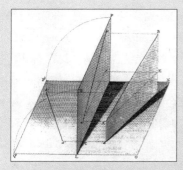

图 1.4 蒙日 1803 年关于画法几何学的教材中选出的一幅画，展示了在平面上投影一个图形，然后在页面上旋转平面的基本过程

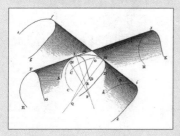

图 1.5 蒙日最复杂的例子

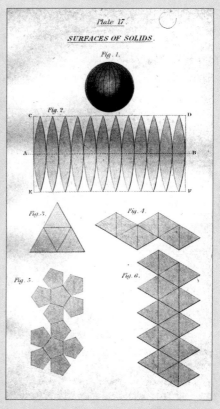

图 1.6 米尼菲立体的表面（即"覆盖"）的图版。这些展开图形，很可能是斯特林厄姆四维展开图的模型

都是相邻的。物体的等距视图和透视视图，皆一起显示。这些不仅是绘图技法，而且是开发可视化和第三维的概念理解的工具和实践。斯特林厄姆 1881 年在《美国数学杂志》上发表第一批四维图形的绘图时，米尼菲的书处于第八版。

斯特林厄姆作为一名书法老师和专业的招牌画家，无疑使用了米尼菲的被广泛接受的教材。对于四维绘图，斯特林厄姆借用了米尼菲的标准技法。特别是，斯特林厄姆修改了立体的覆盖来描绘他的四维图形。然而，在米尼菲的作品中并没有爆炸图（Exploded View），这使得斯特林厄姆利用它们更加原创地展示三维胞体如何在四维物体中结合在一起。爆炸图直到 20 世纪才被普遍使用。托马斯·尤因·弗伦奇（Thomas Ewing French, 1871—1944）继承了米尼菲的衣钵成为机械制图教授，他的第一版《工程制图手册》（1911 年）和 1918 年的第二版都没有爆炸图。爆炸图（以最温和的方式）出现在 1935 年的第五版，直到很久以后才被充分利用。

　　尽管斯特林厄姆做出了开拓性的努力，但将经典的机械绘图技法充分应用于四维图形是荷兰数学家彼得·亨德里克·舒特（Pieter Hendrick Schoute，1846—1923）的工作。舒特来自一个工业家的家庭，他接受了荷兰所能提供的最好的教育，1867 年毕业于德尔夫特理工学院（现称德尔夫特理工大学），成为一名土木工程师。但年轻的亨德里克并不想成为工程师，而是在 1870 年获得荷兰莱顿大学的博士学位，转而攻读数学。十年来，舒特被迫在荷兰北部的一个农村省份格罗宁根（在其大学里根本没有数学系）教高中数学，最终获得了大学任命。然而，这一隐秘的任命让舒特有机会坐下来，利用他作为一个工程系学生学到的机械绘图技法，认真发展他对四维几何的兴趣。

　　舒特后来在《多维几何学》（1902 年）中形式化，他的图形在页面平面上放置了四个相互垂直的四维空间轴 x_1，x_2，x_3，x_4（图 1.7）。线 E 被描述为"半平行于"和"半法线 [即垂直]"于平面 x_1，x_4，以及平面 x_2，x_3，使得这两个平面完全垂直，只有点 O 公有，而平面 x_1，x_4 与平面 x_1，x_2 有公共棱，因此只是部分垂直。实际上，四个轴的六个组合，四维空间的六个平面，至少在某种程度上是相互垂直的。然而，由于三种视图在土木工程机械

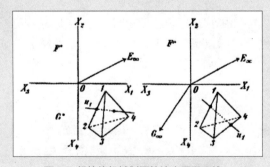

图 1.7 舒特将机械制图技法应用于四维

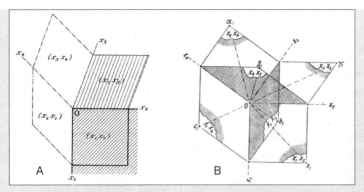

图 1.8 分别来自茹弗雷 1903 年和 1906 年文本的绘图。茹弗雷推广了四维机械制图的舒特法

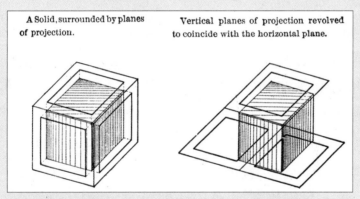

图 1.9 索恩 1888 年关于机械制图的文章中的一幅画。这是发现的机械制图玻璃盒法的最早例子

制图中是足够的，舒特显然认为只有四种制图是满足的。

　　舒特的表现形式，被埃斯普雷·茹弗雷（Esprit Jouffret）所采纳和推广。鉴于机械制图的历史，他自称是一名炮兵中校和前综合工科学院学生也就不足为奇了。茹弗雷的《关于四维几何的基本论著》（1903 年），显示了展开与平放在页面上的四个平面（图 1.8A）。一幅来自《四维几何大全》（1906 年）的图，显示了通过原点的所有 6 个四维空间平面（图 1.8B）。这种"玻璃盒"法（"glass box" approach）是机械制图的基本方法，可能是它出现在威廉·索恩（William Thorne）的《机械制图初级课程》的第一个例子（1888 年；图 1.9）。

> 到 1911 年，弗伦奇的作品清楚地表达了玻璃盒的比喻。有人想象这个物体是画在一个有铰链面的玻璃盒子里的。物体的图像印在玻璃盒的侧面和顶部。然后盒子平开，可以看到并排显示的景物。在美国，惯例是观者在盒子外面向下看，所以当盒子打开时，左视图在左边，顶视图在顶部，即所谓的第三角视图。世界上大多数其他地方使用的是早期的第一角视图，在这个视图中，观者和对象一起在盒子里，在观者脚下的盒子地板上显示顶视图。机械制图现在主要是在计算机图形学领域，建筑学的教授们正在争论用鼠标代替钢笔是否丢失了什么东西。数学对象的现代计算机技法绘图，是第 10 章的主题。

空间的方向在第四维的平移运动而产生。每个顶点产生一条棱，每条棱产生一个正方形，每个正方形产生一个立方体。"（5 页）这样的运动会导致原立方体的顶点、棱和面数翻番，因为"立方体必须被一次算作它的初始位置，一次算作它的最终位置"。

与施莱夫利一样，斯特林厄姆研究了推广到四维的欧拉公式（Euler's formula）。斯特林厄姆用这个公式来发现四维图形的相继低维胞体。靠计算低维胞体的内角，他可以排除四维图形，这些四维图形的低维胞体太宽，数量太多，无法在不相交的情况下合在一起，甚至在四维空间中也是如此。通过这种计算其部件的方法，斯特林厄姆重新发现了三维正立体作为四维图形胞体的可能排列。在其论文的最后一节中，斯特林厄姆将这个方法推广到了第五维，他正确地得出结论，只有正四面体、立方体和正八面体在五维空间中有相应的类似物。

斯特林厄姆的著作在当时如此有影响力（且似乎前所未有），因此询问他的资料来源是一个公平的问题。施莱夫利在 1852 年写了他

的主要作品，但直到 1901 年，也就是他去世六年后才发表。当时在
《美国数学杂志》上很常见，斯特林厄姆没有提供任何参考文献，因此
尚不清楚斯特林厄姆是否熟悉施莱夫利的开创性工作，也不知道他可
能有哪些其他来源。然而，对于施莱夫利来说，可能有两个不同的线
索。阿瑟·凯莱翻译了《连续流形理论》的大部分内容，于 1858 年
和 1860 年发表在剑桥大学的《纯粹数学和应用数学季刊》上。凯莱将
"关于多重积分……"的标题改了，并将这一关于几何 n 维多胞体的伟
大工作作为一篇关于微积分问题的论著，强调了方法而不是结果。凯
莱的译文也许会引起詹姆斯·约瑟夫·西尔维斯特的兴趣，他 1876 年
回到美国，领导约翰斯·霍普金斯大学的数学系，并成为斯特林厄姆
在那里的导师。凯莱和西尔维斯特是好朋友，两人都是伦敦林肯律师
学院法庭的律师，他们共事有一段时间。西尔维斯特对空间第四维度
的兴趣体现在 1869 年的《自然》杂志中，他在其中主张"处理四维空
间的实用价值，仿佛它是可想象的空间"（238 页）。

　　然而，斯特林厄姆的视觉化和组合学在风格上与施莱夫利（和西
尔维斯特）的强烈分析如此不同，因此可能有不同的来源。在谈话中，
数学家丹·西尔弗（Dan Silver）向我提出了一条更有可能连接施莱
夫利和斯特林厄姆的线索，这条线是通过约翰·本尼迪克特·利斯廷
（Johann Benedict Listing）和威廉·E. 斯托里（William E. Story）进行
的。在描述多才多艺的局外人数学家格拉斯曼时，菲利克斯·克莱因
也可以这样描述利斯廷。作为拓扑学和纽结理论（knot theory）之父，
利斯廷一生中最著名的是他在光学方面的工作，他在艺术和建筑方面
都有天赋。（事实上，很多四维几何学都是由通才数学家在建立思想的
边缘完成的。）1862 年，利斯廷出版了《空间复合体普查或欧拉多面

体公式的推广》。在该书中，利斯廷遵循施莱夫利的例子，将欧拉公式提高到四个维度。利斯廷的视觉方法，以及他在书背面的绘图，很可能会受到斯特林厄姆的欣赏。

威廉·斯托里（1850—1930）是 19 世纪 80 年代约翰斯·霍普金斯大学的一名初级教师，兼任《美国数学杂志》的副主编。19 世纪 70 年代，他在莱比锡大学（利斯廷以在此的工作知名）攻读博士学位。斯托里是美国四维几何研究的无名英雄。虽然他自己很少发表关于这个问题的文章，但在幕后，他的名字却出现在许多 19 世纪的美国重要报纸上。事实上，在他论文的唯一脚注中，斯特林厄姆感谢了斯托里的帮助。此外，在一封为自己辩护的信中，愤怒的西尔维斯特指责他迟到和不善于编辑《美国数学杂志》，斯托里说，"我和斯特林厄姆一起非常仔细地研究了这篇论文，不断地给他建议和批评，（因为）斯特林厄姆当时没有任何形式的（该论文）"（Cooke and Rickey 1989，39 页）。

斯特林厄姆三维截面（即切片）折叠的可视化方法，使四维图形推广了他那个时代的机械制图技法。折叠的可视化，更容易由锐角组成的图形处理：正四面体和正八面体的尖"顶点"，以及斯特林厄姆也为他的图板绘制的星状版。很难想象，立方体胞体在没有变形的情况下在某点折叠在一起。也许正是因为这个原因，斯特林厄姆似乎对超立方体不那么自在，在某些方面，这是四维立体中最符合逻辑的，因为它最容易想象堆积成笛卡儿网格（Cartesian grid）。他的确在投影中画出了超立方体，但他不强调这个图形，而只强调其他图形。斯特林厄姆由于致力于三维覆盖胞体的爆炸图，他的论文缺乏投影模型。在投影中，好几个空间同时在同一个地方，这与他的思想是格格不入的。事实上，这种现象将被视为错误的证据。尽管当时令人眼花缭乱，斯特林厄姆对部件的立体组装的品位与现代对叠加、多重态和佯谬的品位却截然不同。

1882 年 7 月 7 日，德国数学家维克多·施莱格尔（Victor Schlegel, 1843—1905）向法国数学学会提交了一篇题为《n 维几何中的一些定理》的论文，该论文于当年晚些时候在该学会《公报》上发表。（荷兰数学家彼得·亨德里克·舒特也在这次会议上提交了一篇论文。）施莱格尔引用的唯一参考文献就是 1880 年的斯特林厄姆的工作内容，只是施莱格尔系统地讨论了四维多胞体作为投影，而这一话题没有被斯特林厄姆提到。施莱格尔 1872 年的文本《空间理论体系》证明了他对射影几何学有了深入的理解，当这个想法被斯特林厄姆的论文介绍给他时，他准备把这门学科应用到四维中。施莱格尔，另一个局外人，在建立投影模型方面比任何其他数学家都做得更多。虽然施莱格尔在 1881 年（当时他 38 岁）获得了莱比锡大学的博士学位，而莱比锡是许多人参与这个故事的著名十字路口，但在获得博士学位之前和之后，他的大部分职业生涯都是作为职业学校和中学教数学、机械制图的教师度过的。

施莱格尔选择投影来更好地表示四维图形是比较熟悉的三维形式施莱格尔图（Schlegel diagrams）的起源，它显示了包含在单一面中的多面体的所有面（例如，玻璃盒的样子，把一个人的鼻子靠在一边）。对于超立方体，"最方便的是：在另一个立方体内部构造一个立方体，这样一个立方体的面都是平行的（面面相对），且把一个立方体的顶点与另一个的相应顶点连接起来"（Schlegel 1882，194 页）。这是以四维透视绘制的超立方体；存在着四个灭点（图 1.10）。施莱格尔没有说这样的透视投影是不是原创的，他也没有指出该图像是用在其他地方的。事实上，施莱格尔选择了一个不寻常的视点，他从一个人从角落向下看的视角画出了这个超立方体。这样一幅画的目的是表明四条视线存在，每条线皆沿超立方体的棱。施莱格尔注意到，这些视线包围了一个"五元"（正五胞体），即四维单形（four-dimensional simplex），从而证明了正五胞体与超立方体的关系跟正四面体与立方体的关系相同。这种洞察力，使施莱格尔找到了一种构造所有多胞体投影模型的通用方法。

　　在施莱格尔的四维图形透视画出现在法国仅仅两年后，施莱格尔建立了他的多胞体雕塑模型，在德国的哈勒展出。这些模型由细细的金属杆和弦丝制成，从19世纪80年代末到至少20世纪头三十年，很快就被纳入了活跃的数学模型目录销售行业。

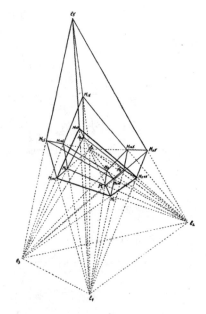

图1.10 施莱格尔1882年用四个灭点视角绘制的超立方体

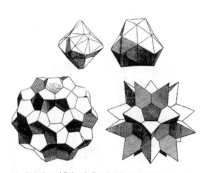

图1.11 戴克1892年展览目录中的一页，其中列出了金属杆和丝线以及纸板制成的施莱格尔四维模型。一些纸板模型如图所示

沃尔特·戴克（Walter Dyck）1892年在慕尼黑的科学博物馆展览目录中列出了金属杆和弦丝版本的"施莱格尔博士的正四维图形的投影模型"，以及四维棱镜的投影模型（图1.11）。还列出了正一百二十胞体和六百胞体内部的纸板模型。施莱格尔的模型是通过布里尔出售的，这是一家邮购公司，专门生产由数学家设计并按严格标准制造的石膏模型。包括施莱格尔模型订单在内的是他写的一本小册子，用来解释四维投影。只需几百美元，任何人都可以购买大量的数学模型，包括这些四维投影，而且许多模型仍然存在于欧洲和美国大学数学系那些尘土覆盖的柜子中（图1.12）。1903年和1911年的马丁·希林目录继续提供这些模型，到1914年贝尔父子公司还出版了一份目录，销售"六种正四维立体的投影"，毫无疑问，这是施莱格尔原型的复制品。在他生命的最后几十年里，施莱格尔用德语、法语、英语和波兰语发表了关于他四维投影的论文，并通过从芝加哥到巴勒莫的演讲，进一步确立了投影模型在数学界中的地位。

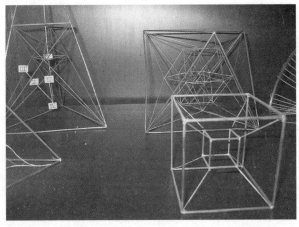

图1.12 奥尔特盖尔德（Altgeld）藏品：伊利诺伊大学香槟分校数学系的四维图形的布里尔模型。购买于20世纪20年代

　　到 1885 年，对四维图形的不同
研究也在进行中，斯特林厄姆和斯
托里再次成为掌门人。这项新的研
究探究了四维图形旋转那些神秘但
信息丰富的特性；直到 75 年后用图
形计算机对四维图形进行检查，它
才被复制或被完全欣赏。例如，如
果一个打开的三维立方体的图形被
绘制在页面上，且该页面被旋转，
就不会给观者多少信息：它无法确

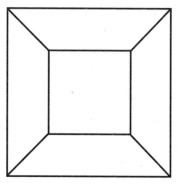

图 1.13　要么是立方体的投影，要么
是嵌套的正方形和梯形的图形。旋
转这本书，并不能解释哪一种描述
是此种情况

定该图形真的是立方体，还是仅仅是一个复杂的同心二维图案，而旋
转那张纸没有添加任何信息（图 1.13）。如果页面上的图形是三维立方
体的阴影，且这个立方体在三维空间中旋转，那么变化的阴影就会显
示页面上的图形是一个刚性的三维立方体。等长线生长或缩小，固定
平面打开或折叠，甚至隐藏在线后面，而已知相互垂直的线可能位于
页面上的另外两条线之间。在所有这些自相矛盾的信息中，那个固定
的刚性立方体明显存在。在其自身的空间旋转该立方体，然后投影它，
因此是远远比旋转该投影本身（通过转动那张画出来的纸）有更多
信息。

　　1884 年 9 月，在费城举行的美国科学促进会会议上，斯特林厄姆
提交了一篇题为《论刚性系统在四维空间中的旋转》的论文。该文使
用了四元数（当时英国流行的一种高维代数系统）来定义四维旋转，
其中四个坐标中的两个（例如超立方体的顶点）发生变化，而另外两
个坐标保持不变。此外，斯特林厄姆还证明了四元数运算可以像三维

旋转一样，被分解成更容易、更常见的向量矩阵乘法。

1889 年，威廉斯·斯托里从约翰斯·霍普金斯大学搬到马萨诸塞州伍斯特的克拉克大学，在那里建立了当时美国最好的数学系。斯托里的学生之一，包括斯特林厄姆，在一个非正式的教程中，是博学多识者托马斯·普洛克·霍尔（Thomas Proctor Hall），因其"围绕平面旋转"研究（图 1.14）而著名。

图 1.14　1893 年，克拉克大学数学系和物理系成员。霍尔站在后面，左边第四位。斯托里站在桌子旁边，上面陈列着几个布里尔石膏模型。经克拉克大学档案馆许可使用

T. P. 霍尔后来声名大噪，他酷爱学习。[1] 霍尔 1858 年生于安大略省，毕业于伍德斯托克学院，后从多伦多大学获得化学学士学位。他在多伦多大学教过两年书。他回到伍德斯托克学院，结婚，在伊利诺伊州卫斯理大学完成了非住校硕士学位和化学博士学位，直到 30 岁。然后，霍尔搬到克拉克大学和以其对光速的研究而闻名的阿尔伯特·A. 迈克耳孙（Albert A. Michelson）一起研究物理学。他的确完

成了一篇物理博士论文——烦人的主题是"测量液体表面张力的新方法"——但很快就落入了斯托里和四维几何学的魔咒。离开克拉克大学后，霍尔在芝加哥国立医学院任教了几年，1902 年他在那里获得了医学博士学位。霍尔成为在医学中使用 X 射线的主要支持者，并且是《美国 X 射线杂志》的主编。1905 年，他最终定居在温哥华，在不列颠哥伦比亚大学任教和行医，直到 1931 年去世。霍尔是温哥华研究院的创始成员（1916 年），曾任不列颠哥伦比亚科学院院长。[2]

　　霍尔的《四重图形在三维平面上的投影》（1893 年）首先回顾了斯特林厄姆的论文和高维图形（在这种情况下，正四面体、立方体和正八面体的类比）的样板组合描述，然后讨论了将它们投影到 $n-1$ 维面的新问题。霍尔定义了要投影的物体的坐标系，以及要做出投影的表面的另一个坐标系。然后，他考虑了当这两个坐标系的不同轴是平行的、倾斜的，还是垂直的——物体是如何被定向到投影表面的。结果是 Tessaract（超立方体）的三幅图，非常类似于当今的超立方体的计算机投影：等距投影，其中胞体隐藏在平面后面，平面隐藏在线后面（图 1.15A），胞体被显示，但压平成二维（图 1.15B），超立方体被完全显示，但与一条长对角线对齐，这样远距顶点出现接合（图 1.15C）。霍尔可以想象出这种超立方体的各种表现形式，因为他有一种在投影超立方体之前旋转它的方法。霍尔用语言非常清楚地描述了四维旋转，非常类似于今天使用的方法："平面上唯一可能的旋转，是围绕一个点旋转。在三重空间中，围绕一个点的旋转也是围绕一条直线旋转。旋转本质上是平面中的运动，当另一个维度被添加到旋转体时，另一个维度也被添加到旋转轴上。因此，在四重空间中，每个旋转都是围绕一个固定的轴面进行的。旋转意味着只有两个矩形轴的运动。与这些垂直的所有其他轴，都不受其影响。……当我们考虑其投影时，绕平面旋转的意义变得更清晰了。"（Hall 1893，187 页）

然后，霍尔描述了他为演示平面旋转的特征而建立的三维模型："我构建了这样一个模型来表示（图 1.15C）到（图 1.15B）的变化，反之，Tessaract 是旋转的。"这个模型使用了"铰链"，以及"（图 1.15C）四个对角线之一由望远镜两个部件组成"。如所描述，这是一个令人震惊的模型，它实现了四维旋转的一些意想不到的特性。这是高维可视化的伟大壮举，霍尔在没有计算机的帮助下做到了这一点。

1893 年 4 月，在向董事会提交的第三次年度报告中，克拉克大学校长 G.S. 霍尔（无亲戚关系）描述了"霍尔博士"的活动。"这位物理研究员……霍尔博士还构造了一个模型，以显示投影立方体面中发生的变化。八角形被旋转，在不同的位置上有一系列的五角形和八角形投射的旋转玻璃模型；后两个系列被提交给本校，保存在数学模型的藏品中。"随后在同一份文件中，霍尔校长列出了克拉克大学的所有四维模型：四种布里尔模型——正五胞体、正八胞体、正十六胞体和正二十四胞体——以及 T. P. 霍尔"图示旋转的"7 种旋转玻璃模型。

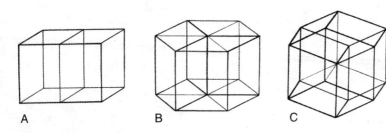

图 1.15　霍尔 1893 年出版物中的三幅图画，描述了超立方体如何在四维空间中随其旋转而变换

可叹的是，霍尔的模型都找不到了。在我提醒克拉克大学档案管理员莫特·林恩（Mott Linn）那些模型的重要性后，他检索了克拉克的藏品和藏室，但没有结果。然而，有一张有趣的照片可能包括它们（图 1.16）。1891 年夏天，斯托里从数学系的布里尔目录中购买了许多模型（总支出 251.50 美元）；他的申请保存在克拉克大学档案馆。然后把这些模型放在一个箱子里，并在 1893 年拍照。在箱子的底层，人们可以清楚地看到几种骨骼模型，分别是立方体中的立方体和正四面体中的正四面体，超立方体和四维单形的四维投影模型。这些看起来更像布里尔出售的施莱格尔的金属杆和弦丝模型，而不是霍尔的作品，

图 1.16　布里尔模型的克拉克大学藏品，摄于 1893 年。四维模型在放大的细节中显示出来。经克拉克大学档案馆许可使用

霍尔喜欢的创造模型的方法是玻璃灯饰。在其后面，还有另一种更复杂、更难分辨的模型，可能是正二十四胞体的布里尔模型，但也可能是"展示变化"的一种霍尔模型。

在同一份 1893 年的报告中，那位大学校长报告了斯托里的活动，详细地写出了斯托里即将完成的伟大作品《超空间和非欧几何学》。斯托里从未写过这本书；1897 年，一篇同名的短文以短命的克拉克杂志《数学评论》（只出刊三期）和一本小册子重印的形式出现。再一次，似乎在美国，只要对四维几何学感兴趣，威廉·斯托里就会迅速出现在"演员"两翼，但他自己从来没有站在舞台的中心。

西蒙·纽康（Simon Newcomb，1835—1909）是约翰斯·霍普金斯大学数学教授和 19 世纪 80 年代中期《美国数学杂志》的主编，就在斯特林厄姆去伯克利之后，但斯托里当时还在霍普金斯大学。纽康对许多学科感兴趣。从哈佛获得学位后，纽康开始为海军做"计算机"（做行星计算），并继续与美国海军天文台建立关系，直到 1897 年退休。他发表的大部分论文和书籍，都是关于太阳系中行星的轨道的。但他也写过经济学方面的书、小说，至少两篇关于四维几何学的论文和在通俗杂志上的文章，包括 1903 年 10 月 22 日《独立杂志》中一篇令人尴尬的文章，名为《飞行机的前景》，其中对这种比空气更重的设备的实用性和最终用途表示严重怀疑。[3] 尽管纽康对飞机的看法是错误的，但他的行星天文学却是正确的，在当时被普遍采用，他对四维几何学的贡献是有影响的。纽康超越了四维多胞体，并运用了四维空间的思想。

1897 年 12 月 29 日，"在美国数学学会第四届年会上发表的会长致辞"里，纽康被要求对新的几何学进行评估。那篇题为《超空间的哲学》的演讲，发表在该学会《公报》上，并在《科学》杂志上转载。纽康认为，四维空间和非欧几何都是"超空间"（hyperspace）的一部分，他还认为这两种几何都是物理空间的精确描述。纽康首先指出，四维几何在数学上是真实的，这意味着第四条垂直线的命题可以加到几何学中，从而形成一个自洽的逻辑的数学。然后，他评述了通过第四维度的运动"一个有能力做此种运动的人"的威力：逃离被锁住的胞体，把左手的金字塔变成右手的金字塔。他对直接观察第四维度的可能性持悲观态度，但否认缺乏观察排除了平行宇宙的"客观事实"。值得注意的是，由于他对机械飞行持怀疑态度，纽康不会拒绝这样的观点，即这个另类世界是一个"神灵"世界。"神灵从外面侵入我们的世界是原始人中最喜欢的思想，但往往会随着启蒙和文明而消亡。然而，这一命题并没有自相矛盾或不合逻辑的地方。"但是，纽康继续说，不管是不是"神灵的"，"我们的结论是，四维空间与我们自己的宇宙一起产生无限多宇宙的可能性，是一个完全合理的数学假说。我们不能说这一概念符合或不符合任何客观现实"（Newcomb 1898，190页）。虽然没有证据表明物理学发生在四维空间，可是纽康对这种可能性很感兴趣："有些事实似乎至少表明了以下的可能性：分子运动或某种不能用时间和空间三坐标表示的变化"，也就是第四维中的振动，可以解释辐射或电（192页）。纽康还简要考虑了空间被弯曲的可能性，并得出了类似的结论，即尽管看到这种曲率超出了我们的观察能力，但我们不能基于逻辑理由拒绝这种可能性。总的来说，尽管纽康不断警告他的听众，在接受这些概念之前需要严格的证明，但他在这个机构的演讲中给人的印象是，四维几何已经从一种数学上的好奇心转变为一种对实在描述的严肃可能性。

　　埃斯普雷·茹弗雷的《四维几何中的各种主题》（以下简称主题）（1906 年），特别是他的《关于四维几何的基本论著》（以下简称论著）（1903 年），是四维几何可视化史上的重要发展。在《论著》中，茹弗雷列出了 11 个国家的 47 名数学家的名字，他们对四维几何做出了贡献，并说到 1900 年 3 月 15 日为止，有 439 篇文章被列入《数学教育》，证明了这门学科的成熟。[4] 他特别讨论了昂利·庞加莱（Henri Poincaré），详细引述了查尔斯·霍华德·欣顿（Charles Howard Hinton），并引用了斯特林厄姆和纽康。茹弗雷的文本大约各有 250 页，讨论了"正一百二十面体"和四维空间的本质。《论著》的插图尤其丰富，书中的论据和方法可以通过仅从插图的角度来理解。《主题》则有一个更为哲学的介绍，试图将四维空间中的点定义为原子。

　　到 19 世纪与 20 世纪之交，四维几何已是一门充分发展的、合法的数学学科，由几种语言的文本编纂而成。在这个坚实的基础上，四维几何很快就会前进，征服物理学的领域，也征服了更意想不到的美术领域。在新世纪初，权威的声音向渴望了解更多信息的公众展示了这一主题，公众为那些普及者的遐想作品所痴迷。

第2章 四维空间的遐想

到 19 世纪末，许多作者都在吹嘘基于对四维几何的理解的思想的优越性，并在大众文化中共同确立了第四维度的一度深奥的数学思想。一些鼓吹者和唯灵论者（spiritualists）甚至设想了一种超级英雄"四维人"，可以穿墙走壁，搞类似的伎俩。[1] 严肃的数学家和超空间哲学家的其他文本帮助转移了四维研究的焦点，从研究四维多胞体到包括对四维空间性质的探索和在这个空间中的观者的观察。然而，两组作者的论述都几乎完全建立在切片隐喻的基础上，因此建立了对第四维度的误解，这种误解甚至一直持续到今天。

把世界由内向外翻转

西蒙·纽康撰写的《美国数学杂志》的就职演说文章（1878 年）是关于四维几何的，文章讨论了所谓的"球面外翻"。纽康指出，"如果在空间中增加第四维度，一个封闭的材料表面（或外壳）可以通过简单的弯曲而向外翻转，而不需要拉伸或撕裂"。为了证明这一点，纽

---

[1]恩格斯《自然辩证法》"神灵世界中的自然科学"指出："对辩证法的经验主义的轻视便受到这样的惩罚：连某些最清醒的经验主义者也陷入最荒唐的迷信中，陷入现代唯灵论中去了。"（于光远等译编，人民出版社 1984 年版，62 页）

康首先定义了一系列"无限平面空间"：切片模型。纽康接着描述他的四维球面有一个内表面和一个外表面，每一个表面都在四维空间不同的三维切片中，即使这个球面被想象为无限薄。每个"平面空间"中的所有点，都与四维空间中的一系列点等距。（这是关键的洞见，在四维空间中很难想象，但这有点像一条线上的所有点都与这条直线下的平面等距的命题。）因此，可以将球面（即外壳）向这个方向旋转180度，使内部变成外部，而且由于球面的半径不会改变，因此不会发生撕裂或拉伸。

纽康后来在他的论文《几何学仙境》（1906年）中发现了那个更低维的类比，这使得这种外翻更加可信。把一页纸上的圆圈看成一张纸上的橡皮筋。橡皮筋把书页分成圆圈内的区域和圆圈外的区域。橡皮筋虽然细，但显然有内表面（面向圆心的表面）和外表面（背向圆心的表面）。保持圆圈形状不变，橡皮筋可滚动，使其内表面变成外表面。现在想象一下，在橡皮筋的内外表面上面都画了图形。在旋转之前，橡皮筋内的观察者会看到橡皮筋内表面的图形，而橡皮筋外部的图形则被隐藏起来。然后，在橡皮筋滚动后，内部观察者会看到画在橡皮筋外部的图形。外部观察者的情况正好相反：在橡皮筋被卷之前，他或她看不见橡皮筋内部的图形，就像没有 X 光机的帮助就不能看到人的内脏一样。这种允许外部看内部，反之亦然的滚动是可能的，因为橡皮筋（实际上是三维对象本身）位于三维空间中，可以通过第三维旋转。这样的旋转不会拉伸或撕裂橡皮筋，因为橡皮筋圈的半径没有受到滚动的影响。当然，旋转橡皮筋所在的页面，并不会将橡皮筋内部翻出来。只是因为橡皮筋有另一个自由度（旋转的另一个维度），才能产生这种效果。

我们还可以想象，橡皮筋圈中心的观察者可以 180 度的弧度飞离页面，并在橡皮筋圈外的页面着陆。视角上的变化，就像橡皮筋的滚动一样：表面隐藏的东西，现在可以清楚地看到。这正是 19 世纪末超空间哲学家所想象的那种现象，当时球面外翻在大众的想象中为那些能够进入第四维度的人提供了"魔术伎俩"的证据。

上帝视角

琳达·亨德森追溯了使用二维观测三维空间，以此来类比我们尝试想象第四维度的历史。在《现代艺术中的第四维和非欧几何学》（1983 年）中，她引用了许多使用过这种装置的作者：卡尔·弗里德里希·高斯（Carl Friedrich Gauss）到 19 世纪 20 年代，古斯塔夫·西奥多·费希纳（Gustav Theodor Fechner）在 1846 年，查尔斯·L. 道奇森（Charles L. Dodgson）在 1865 年，G. F. 罗德威尔（G. F. Rodwell）在 1873 年 5 月号的《自然》杂志，赫尔曼·冯·亥姆霍兹（Hermann von Helmholtz）的讲座，以及始于 1876 年的许多著作。然而，也许最著名的例子是英国牧师、教育家、莎士比亚学者埃德温·艾勃特·艾勃特（Edwin Abbott Abbott）和他极受欢迎的书《平面国》（*Flatland*，1884 年），一部以二维社会为背景的小说。[①]

艾勃特的短篇小说有许多议题。他的主要目的是讽刺维多利亚时代的社会结构。在艾勃特的二维国度中，女性的地位最低，因为她们很少或根本没有智力、想象力或记忆力，却具有暴力气质。她们只是直线，因此，根据法律，每个女人都必须在任何公共场合"不停地左

①此书最初以"正方形"（亦译"方方"）的笔名发表。参见：《上帝掷骰子吗——混沌之新数学》，伊恩·斯图尔特著，潘涛译，上海交通大学出版社 2016 年版，86 页。

右晃动背部"[1]，以避免任何人的致命戳："圆阶层的女士背部有节奏及（如果容我这样说）调节完好的波动会受到普通等边三角形的妻子的羡慕和模仿。"[2]（15页）事实上，等级、阶级和阶级斗争，占据了这本书的绝大部分内容。男人有严格的阶层分层，取决于他们作为多边形有多少条边。儿子比父亲多一条边是"自然法则"，但这条法则"不适用于商人，更不用说对士兵和工人，他们几乎不能被称为人类图形"。[3]虽然在特殊情况下，孩子们可以跳级，但游戏是固定的，所以只能做出象征性的进步，"这些位处高层的阶级清楚地知道这些微乎其微的现象几乎对他们的特权产生不了任何影响，而且这还是防止下层人民革命的一个非常有用的工具"[4]（10页）。语言在《平面国》里很重要，机智和举止的错误会对地位产生灾难性的影响，有些会持续五代。异常和不正常，例如边长，可处以死刑。在"颜色革命"期间，艺术的复兴和社会的僵化使文化更加开放，由此造成的"智力艺术"的退化和地位的混乱使民众感到非常震惊，以至于他们非常乐意让牧师和贵族们压垮"有色人"，并将他们的肤色完全视为不合法。

虽然现在被公认为四维几何学的导论，但《平面国》直到书的最后四分之一才谈到这个话题。他的叙述者A.正方形，跟线国（Lineland）的君主相遇。A.正方形向读者们解释了，与这位聪明但有限的君主交流居住在平面上意味着多么不可能。接着，A.正方形遇到了一个来自空间国（Spaceland）的球，他也有同样的问题，把他的三维存在解释为二维的A.正方形（图2.1）。球向A.正方形给出了四种

---

①《平面国》，埃德温·A.艾勃特著，朱荣华译，江苏人民出版社2009年版，18页。
②同上，19页。
③同上，11页。
④同上，13页。

证明：他来自另一个维度，这些证明在整个 19 世纪的四维论述中反复出现。来自更高维度的访客可以窥视封闭的房子，在时间上发生变化，但整体上保持不变，从锁着的橱柜中获取东西，并在不穿透皮肤的情况下触摸事物的内部。所有这些都是可能的，因为来自更高维度的访客拥有平面国人只能想象是上帝对他的世界的一种视角。"看，"A. 正方形说，"我好像成了上帝。我们国家的聪明人说，要看见一切，或如他们所说，洞察一切，只有上帝能办到"[1]（86 页）。

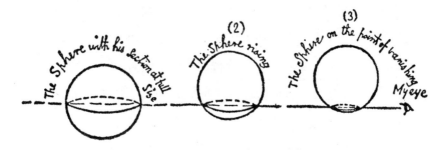

图 2.1　球访问平面国的艾勃特插画

艾勃特把看到更高维度的体验描述为一种直接体验，一种看到其他只是逻辑推理的体验——"清晰地展现在我面前的是我以前只能推断、猜测和梦想的。"[2] 此种"类比论证"暗示了一个三维的国度，现在 A. 正方形对此有直接体验。但是，A. 正方形的经历不必停留在那里："把我带到那块受福佑的区域去吧，我将在思想中看到所有立方体事物的内脏。在那里，在我贪婪的眼睛面前，立方体向某种全新的方向移动，但严格按照类比，从而使他内脏的每一部分穿过某种新的

---

[1]《平面国》，埃德温·A. 艾勃特著，朱荣华译，江苏人民出版社 2009 年版，126 页。
[2] 同上，122 页。

空间，并且带着自己的轨迹；它将创造一个比他自己更完美的完美体……在那个受福佑的四维区域，我们将逗留在五维的界线，而不进入吗？啊，不！下决心让我们的雄心随着我们身体的上升而高飞吧！在我们智力的冲击下，第六维的大门将敞开，接着是第七维，然后是第八维。"[①]（96 页）

然而，正方形对更高维度的渴望，对于他的球类向导来说，的确是太多了。A.正方形回归平面国，艾勃特回归不宽容的主题。我们发现，A.正方形的访客不是同类中的第一位——一千年一次，平面国会被来自第三维度的生物造访，但这种知识被当局压制了，甚至那些目睹探访的平面国警察也被关进了监狱。叙述者承认，他对更高维度中图形的看法是短暂的，他无法重获这一形象，但他也被终身监禁，仅仅是因为他说出了这样一种离经叛道的观念。[②]

《平面国》第一次印刷即售罄，并很快被重印。直到今天它仍然在版。[③]《布鲁克林鹰报》1889 年 1 月 27 日的消息标题为《第四维度，一种奇怪的理论，结束于它的起点》，这只是这本书名声传播得有多远、有多快的一个例子。该报纸的报道叙述了平面国居民的观察，并重新建构了那些类比的论证，在书的结尾具名向读者推荐。艾勃特的 A.正方形寓言，在《平面国》出版后的几十年里经常被其他作者重复。即使在今天，物理学家也用《平面国》向学生和普通读者解释时空。在很大程度上，切片模式的流行正是由于艾勃特这本典雅之书。

---

①《平面国》：埃德温·A.艾勃特著，朱荣华译，江苏人民出版社 2009 年版，142 页。

②参见《神奇的二维国》，埃德温·A.艾勃特著，陈忱译，科学普及出版社 1991 年版；《二维国内外——数字漫游奇历记》，伊恩·斯图尔特著，暴永宁等译，湖南科学技术出版社 2011 年版。

③这部 100 页的奇书，被誉为"数学科幻的鼻祖"，130 余年来在全世界已经有不同语言的众多版本，其节选被收入《数学的世界》，单行本（1991 年）被纳入"普林斯顿科学文库"重新出版。

穿墙过壁和其他魔术

19 世纪最后四分之一的欧洲四维研究的文化环境，尤其体现在莱比锡物理学家、天文学家约翰·卡尔·弗里德里希·策耳纳（Johann Carl Friedrich Zöllner, 1834—1882）在伦敦的活动中。[1] 菲利克斯·克莱因在《数学在 19 世纪的发展》中写到了策耳纳对第四维度的迷恋的起源。在一段恭敬的段落中，他罗列了策耳纳作为科学思想家（"他有不少……的物理思想今天又复活了"[2]）和实验家（"他第一个用辐射计作定量的测量，他在日食期间观察到日珥，等等。"[3]）的资历。克莱因写道：

> 在此前不久，我曾颇不经意地对策耳纳谈过我的一个关于有结的封闭曲线的结果（发表在《数学年刊》第 9 卷上），这只是一个纯粹科学的谈话。……这个结果就是：只有当限制在三维空间中运动时，结的出现才可以认为是封闭曲线的一个本质的现象（即在变形下不变）；而在四维空间里，封闭曲线上打的结可以通过变形来解开。所以，只要我们的思考越出了通常的空间，打结（knottedness）就不再是位置分析（analysis situs）的性质。[4]

---

[1] 恩格斯《自然辩证法》"神灵世界中的自然科学"指出："大家知道，策耳纳先生多年来埋头研究空间的'第四维'并且发现在三维空间里不可能出现的许多事情，在一个四维空间里却是不言而喻的。……根据神灵世界最近传来的捷报，策耳纳先生现在请求一个或几个神媒帮助他确定第四维中的各种细节。……一句话，神灵是可以极其容易地完成第四维的一切奇迹的。"（于光远等译编，人民出版社 1984 年版，60 页）

[2]《数学在 19 世纪的发展》（第一卷），F. 克莱因著，齐民友译，高等教育出版社 2010 年版，140 页。

[3] 同上。

[4] 此为拓扑学的最初称谓。

策耳纳对这个说明表现出了我无法理解的热情。他以为，现在他有办法在实验上证明"第四维的存在"，并向"著名的美国唯灵论者"亨利·斯莱德提出，后者应该尝试去解开一条闭合的绳子上的结。斯莱德如他通常的习惯那样回答说"让我试一试"，就这样接受了这个建议。不久以后他就做出了这个实验，使策耳纳大为满意。可以在此提一下，这个实验用的是一根用胶或者蜡来封口的绳子：策耳纳要用他的两个大拇指摁住胶或者蜡的封口，斯莱德再把自己的手放在上面。策耳纳由此实验得出结论，说存在一些"灵媒"（mediums），他们与第四维度有着密切关系，而且有把我们的物质世界的东西在这个第四个维度里移来移去的本事，所以——对我们的感官来说——这些东西一下子不见了，一下子又重新出现了！

这样就出现了一种非常普遍的神秘活动，它与催眠术、暗示、各种邪教和通俗的自然哲学等合在一起，很快就统治了许多人的思想。这种统治延续了很长时间，直到今天，在各种杂耍、电影和魔术表演——还有各种通俗讲演——里，无不可以找到它的踪迹。

这些事情和各种反对意见掀起的波澜，加速了策耳纳的终结——他被狂热的活动俘虏了。1882年，还不满50岁的策耳纳在工作时中风而亡。[1]（Klein 1926，157页）

---

[1]《数学在19世纪的发展》（第一卷），F. 克莱因著，齐民友译，高等教育出版社2010年版，140–141页。引文略有改动，"措尔纳"亦译"策耳纳"。恩格斯《自然辩证法》"神灵世界中的自然科学"指出："神灵证明了第四维的存在，正如同第四维保证了神灵的存在一样。而这一点一经确定，科学便给自己开辟出了一个全新的辽阔的天地。"（于光远等译编，人民出版社1984年版，60页）

除了不接触绳子本身，可以解开两端被密封在一起的绳子上的结外，斯莱德声称，将实心的木环连接在一起，把封闭容器里面的物体运送出来，并在两块板之间紧紧压紧的纸上写字——所有这些都据称是在科学条件下进行的。1876 年，斯莱德因欺诈罪而在伦敦受审，但这起丑闻并没有降低人们对第四维度的唯灵论（spiritualism）的热情。检察官乔治·刘易斯（George Lewis）将重点放在以下指控：斯莱德如何在面朝下放在一张桌子上的卡片上写字。在其他魔术师的帮助下，刘易斯展示了这个简单的魔术师的手法：可以用手指末端的铅笔、一张暗藏机关的桌子或隐藏了预先写好卡片的洗牌来完成。《纽约时报》一篇题为《"审判骗子"》（1876 年 10 月 15 日）的文章援引刘易斯的话："被告（斯莱德和他的助手）都犯了罪，他们的行为是为了给人留下这样一种印象：这种笨拙的欺骗是一个超自然的机构造成的。"换句话说，对斯莱德的指控与其说是欺诈，不如说是亵渎神明；看来，如果斯莱德自称是个魔术师，而不是一个唯灵论者，他本可以避免这场混乱。当然，在唯灵论方面可以骗更多的钱。①

策耳纳为斯莱德辩护，组织了一群杰出的物理学家，其中包括威廉·克鲁克斯（William Crookes）②、J. J. 汤姆生（J. J. Thomson），还有瑞利勋爵（Lord Rayleigh）。正如后来在艾勃特的作品中所考察的那样，通过类比推理，物理学家们认为，这种在三维上不可能实现的伎俩，对于那些能够进入第四空间维度的人来说是司空见惯的。

① 《超越时空》，加来道雄著，刘玉玺等译，上海科技教育出版社 2009 年版，56—61 页。
② 恩格斯《自然辩证法》"神灵世界中的自然科学"指出："克鲁克斯先生大约从 1871 年起研究唯灵论者所宣布的那些东西，为着这个目的应用了一整套物理的和力学的仪器，弹簧秤、电池等。他是否带来了主要的仪器，即一个怀疑—批判的头脑，他是否使它始终保持工作能力，我们是会看到的。无论如何，在并不长的时间内，克鲁克斯先生就像华莱士先生一样完全被俘获了。"（于光远等译编，人民出版社1984 年版，57 页）

毕竟，一个人可以达到在一页上画成一个圆圈，然后从内部取出一个三角形的表，以便读、写或放置到另一个圆圈中。斯莱德不能在更加受控的条件下重复他的结果，事实上根本无能为力。1880年11月16日的《纽约时报》宣称，"全世界都肩负着策耳纳教授的巨大责任，如此清晰地解释了斯莱德先生的神奇力量。斯莱德先生制作的家具大大小小的物件完全消失了。空间的第四维理论使得在斯莱德先生的表演中显然无法解释的东西，就像中午的太阳一样清晰。对此并不存在所谓的唯灵论。策耳纳并不愚昧，斯莱德也没有诡计。这种杰出的灵媒可以进入空间的第四维度，因此，任何受到青睐的人，当然都可以为所欲为。"

事实证明，斯莱德逃脱了共谋诈骗的罪名。报纸上的报道对此案的解决有些困惑，但1876年11月14日的《布鲁克林鹰报》转载并证实了伦敦《泰晤士报》上的报道，即"被告因串谋以虚假借口获得钱财而被宣告无罪。……第一被告斯莱德，根据《流浪法》被判有罪，并被判处三个月的监禁和苦役"。对第四维度定罪似乎太过牵强，不久之后，即使是流浪罪的判决也在技术上被推翻了。

伦敦的那场不愉快，对束缚斯莱德的风格没有多大影响。1880年12月27日《纽约时报》报道，斯莱德回到美国时，并没有表现出任何屈辱的迹象；相反，"那些以为自己会看到一位父权制印章的绅士的人，看到在第五大道酒店前一个晴朗的午后经常出现的人物时，都感到惊讶。运动的人会从他身上看出一个惊人的相似之处，那就是第六大道花园的主人之一。斯莱德先生把他的深色光亮头发分在中间，留着浓密的黑色胡须。他的衣服是最新剪裁的；他有皮卡迪利领子，有着巨大魅力的厚重的金表链，还有一条红蓝丝质手帕从胸部口袋里窥视。他带着胜利的微笑，可能被称为英俊"。即使是相对清醒的物理学家和超空间哲学家查尔斯·霍华德·欣顿，也陷入了那些超级伎俩的兴奋之中。1884 年，他同意这样的观点："一个能够在四个维度中移动的生物，可以在不穿过四边的情况下从封闭的盒子里出来，因为他可以在第四维度移动，然后游荡，这样他回来的时候，就会在盒子外面"（Rucker 1980，19 页）。

因此，毫不奇怪，《第四维度简释》（1910 年）—— 一本在 1909 年的同名竞赛[①]中提交给《科学美国人》杂志的征文选集，就充满了这样的魔术，特别是靠穿过第四维度解开纽结。一年后，布朗大学杰出四维几何数学家亨利·帕克·曼宁（Henry Parker Manning）对 245 份参赛作品进行了评测，并编撰了这本书。与策耳纳不同，曼宁没有说这种事情会发生，只是在数学上说，如果一个人能够进入第四个空间维度，这种事情就会发生。在这本书的导言中，他列出了以下几点："一种单纯旋转就可改变为对称的形式（例如，左旋螺旋变成右旋螺旋）；平面作为旋转轴，两个完整的平面只有一个公共点的可能性；柔性球体可以由内向外翻而不撕裂，物体可以在不穿透壁的情况下从封闭的盒子或房间中传递出去，绳索上的结可以在不移动绳子两端的情况下解开，以及链条的链圈可以不打破地分开。"（15—16 页）

曼宁建议，如果这样的事情难以想象，我们应该回到过去，四维的代数概念（即它们只是方程中的四个未知数），或者，即使点、线和面都是彼此逻辑关系中的抽象概念，而不是物理事物的表示，几何学也是有意义的概念。但他并不是真的那个意思，就像他的教科书《四

_____
①这场竞赛悬赏 500 美元。要求用不超过 2500 个单词的短文，向一般公众说明第四维的意义。见《超越时空》，84 页。

维几何学》（1914 年）所证明的那样。依图完成，曼宁的教科书在任
何三维合成几何学文本同一水平的具体程度处理第四维度。尽管如此，
对曼宁来说，四维的体验还是一个切片问题。在《第四维度简释》的
导言中，他讨论了耳熟能详的"平面国"类比，并得出结论：如果我
们"想象这样的图形"，我们将看到堆积在一系列空间中的一系列三维
物体，类似于三维空间中的一系列平面。

　　曼宁费尽心思纠正所选论文中的数学错误，作为一名数学教授，
他只想得到正确的答案。因此，也许所选的文章在很大程度上重复了曼
宁在导言中引用的几个数学事实。但是，那些被拒的二百多篇文章呢？
依靠后知之明，更多的思辨性文章可能有价值，而且无论如何，第四
维度对当时的世界一篇文章赢了什么？意味着什么，我们可能需要更为
宽广的视角。

　　特别值得注意的是一篇文章，不是因为它赢了，也不是因为它应
该赢，而是因为它是克劳德·布拉格登（Claude Bragdon）写的，他
后来成为著名的四维几何艺术家、设计师和理论家。布拉格登通过将
立方体挤压成第四维（按照斯特林厄姆方式）生成超立方体，详细描
述它的属性，并定义它的立方截面。他把球体的切片与高维图形的球
状切片进行了比较。他引用了伊曼纽尔·康德（Immanuel Kant）和卡
尔·弗里德里希·高斯的话，对"神秘术"证据（"occult"evidence）
持矛盾态度。他一切都以一种非常合理、常规和令人惊讶的温和方式
一次又一次回到那个"平面国"类比。

捕捉时间

　　虽然曼宁在《四维几何学》导言中指出，时间作为第四维的概念

可以追溯到约瑟夫 – 路易·拉格朗日（Joseph-Louis Lagrange）的《解析函数理论》（1797 年）一书，但时间可视为一个几何维（geometric dimension）的思想的发展必须归功于欣顿。从《科学罗曼史》（1884 年）开始，一直延续到《第四维度》（1904 年），在其 57 岁去世前三年出版，欣顿一再转向这样的概念，即时间可以定义为几何学的第四个空间维度（fourth spatial dimension），而不仅仅是描述某一特定时间地点所需的另一个数字。[1] 此外，欣顿还讨论了物体和粒子在时间上存在和运动时形成的四维几何物体，并认为这些原初时空对象本身就是值得研究的实体。

例如，在《科学罗曼史》中，欣顿要求我们考虑一根线穿过一片蜡。如果线是垂直于蜡，它通过时将只留下一个洞，但如果它成一个角度，向上提升，它将在蜡中形成一条线。一个被限制在蜡上的观察者，会看到一个粒子在蜡中形成一条路径。许多这样的路径可以描述一个几何形状，彼此不平行的线程将形成一个随着线程通过而演变的形状。欣顿让我们想象一下，那些感觉到的粒子是原子，几何图形和图案是原子的集合——物质。这种理解的价值是双重的。首先，"变化和运动似乎就是存在的一切。但是，它们的出现仅仅是由于我们对曾经存在的实在的意识所带来的短暂的转瞬即逝"。其次，除了哲学意义外，还有美学的"四维形状的理想完备性之……美"（Rucker 1980，16 页）。

同样形象生动有力的是一幅 1904 年通过平面螺旋切割的图（图 2.2）。尽管这幅画是在没有引用欣顿的情况下重建的，它仍然被认为

---

[1] "欣顿终生迷恋于使第四维变得通俗化和形象化。他应该作为'看见'第四维的人而被载入科学史册。"《超越时空》，77 页。

是物理学家所定义的时空概念的精确、完整和专有的表达。对于平面上的"平面国人"来说，点或粒子似乎在一个圆中运动，但是对于高维的观者来说，螺旋线被直接拉过一个平面。在欣顿看来，螺旋是诸多事件的完整静态模型，它是永恒的（即不变的）对象，具有比那个运动点更大的哲学实在（philosophical reality），因此它应该是我们考虑的对象。"我们将在电影中有一个圆圈移动的点，（在电影上，

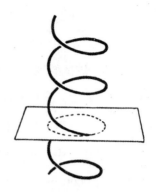

图2.2　欣顿在1904年的图中指出，在二维中出现的运动粒子的圆形路径是三维中一个刚性螺旋的一系列切片

我们只是）意识到它的运动，却对这个真正的螺旋一无所知。……实在是永久的静止结构，所有的相对运动都是由整个电影的一个稳定运动所造成的。"（Rucker 1980，124页）为了通过训练让自己看到四维几何物体，即完整的静态模型，我们俘获时间。

物理学有待解释

欣顿在牛津大学接受过物理学家和数学家的训练，他确信物理学能证明第四维度的存在，进而证明第四维度可以解释物理中未被充分理解的问题。他的许多见解和猜测都是有先见之明的，而其他人证明确是如此。至少，它们是目前猜测的不那么复杂的版本。

在《科学罗曼史》中，欣顿指出，在纸上扩散的液体会变得越来越薄，直到它们与纸张的平整度结合起来。通过类比推理，欣顿声称气体在第四维是稠密的，当气体膨胀和升华时，它们在第四维中的"厚度"就会减小，直到它为零，气体在三维空间中尽可能完全弥

散。欣顿解释说,"在这种情况下,必须用吸引力来寻找原因,就像重力作用于水平面一样,吸引力作用于我们的空间"(Rucker 1980,19页)。扩散流体的细节比欣顿描述的要复杂得多,但重要的一点是,他认为在第四维,且只有在第四维,存在一种力,能把物质推入第三维。尽管这一概念看起来很怪异,但现在有一个严肃的猜测:空间可能存在第四维度,引力可能作用于第四维度,从而影响到它在第三维度的存在。在 2000 年 8 月号《科学美国人》杂志上,物理学家尼玛·阿卡尼 – 哈米德(Nima Arkani-Hamed)、萨瓦斯·迪莫普洛斯(Savas Dimopoulos)和格奥尔基·德瓦利(Georgi Dvali)发表了一篇报告,是关于"我们的宇宙局限于一个位于更高维度领域的三维'膜'"的推测,相对于自然界中的其他力,"引力的莫名其妙的弱点"可以通过这样的假设来解释:它的结构特征允许它渗透到这个第四空间维度并耗散,而自然界中的其他力则局限于我们发现自己的三维切片(62 页)。事实上,这些作者甚至声称这个第四维度大约有一毫米厚,与欣顿的推测一致。一般而言,当前的弦理论(string theories)通过描述一维实体在许多个维度中振动的可能性来解释粒子及其相互作用。欣顿生不逢时,这一次本该是他的荣耀。

也是在 1884 年,欣顿对我们现在所说的物质—反物质湮没进行了推测。欣顿指出,左旋螺旋的镜像是右旋螺旋,如果将左旋螺旋和右旋螺旋的物理模型(他认为纸条缠绕在铅笔周围)连在一起,结果就是根本不转动。欣顿接着声称,转动,是物理实体,而不是纸,镜面反射则是通过第四维旋转的三维螺旋(这是四维旋转的真实性质)。因此,如果两个本质上由空间自旋组成的物理对象是自身的镜像,它们就会像"基尔肯尼猫"那样互相湮没,即像"基尔肯尼猫那样抓着、咬着，最后互相吞食，以致它们中的任何一只都没有留下任何一条尾巴"（Rucker 1980，42 页）。

最后，在《科学罗曼史》中，欣顿描述了存在于第四维度中最重要的以太（ether）。这个"支撑体"附着在空间的每一点上，但它不可能是厚的，否则物理效应将服从立方反比规则，而不是描述重力效应或光强度随其光源发出距离而衰减的熟悉的平方反比律。然而，以太是强大的："这张固体片的性质和力量——这一薄膜颤抖着，却是无限的和坚实的——多得无法开始列举。以太比最巨大的山脉更坚固，却比叶子更薄；没有被任何炉子中最猛烈的热量破坏，因为炉子的热量只不过是它的震动和颤抖；它承载着所有的天体，并将它们的影响传递到我们所称的空间的各个区域。"以太负责光的传播以及电性向磁性的转化，但不吸收或耗散热量（Rucker 1980，52 页）。

在后来的作品中，欣顿对四维意识（four-dimensional consciousness）的生理学和宗教方面越来越感兴趣，但他继续寻找四维空间与当代物理学问题之间的联系。在《思想的新时代》（1888 年）一书中，有一个广义相对论（general relativity）的怪诞预兆：欣顿认为以太在其中有沟槽，这是粒子的路径。"如果我们对地球滑动的以太做出类似的假设，"他指出，"我们可以设想，物质粒子的运动不是由彼此吸引或排斥决定的，而是通过改变以太沿沟槽推进的方向来确定它们的存在。"（Rucker 1980，112 页）广义相对论把引力和空间曲率等同起来，说空间曲率创造物质，如同说物质创造曲率一样合理。

最后，在《第四维度简释》中，欣顿预见了狭义相对论（special relativity）的多个方面。他指出，我们处在一种液体空间中，刚性杆可以收缩，也可以旋转，在这样的世界里的人不会注意到收缩已经发生了。两个相对论性不同的空间中的两个观察者，可以争论他们的刚性杆中的哪一个是恒定的，欣顿解释说，但是"（没有标准）我们可以诉诸，说这两个人中的哪一个在这个论点中是对的。……因此，与位置无关的距离是不可想象的"（Rucker 1980，136 页）。在这里，欣顿从非欧几何中获得了他的线索，但由于他认为（与目前的理解相反）空间只有嵌入第四个欧几里得维时才能弯曲，关于刚性杆长度的相对性的讨论乃是它们成为与空间的第四维的函数。

　　总之，19 世纪的超空间哲学家靠类比进行论证。四维世界对于我们的空间来说就像三维世界对"平面国人"，也就是说，用切片来观察：艾勃特设想只通过它们的切片来观察四维对象，欣顿对时间的定义是基于切片，魔术师声称通过从一片空间跳过第四维到另一片空间来完成魔术。这样一些类比，通过认可时间是一系列类空间切片（spacelike slice）的概念和探索将这种新的数学与物理学相结合的方法来加深对四维现象的理解，但那些类比只是 19 世纪数学家们技术工具箱的一部分。数学界以外的作家，甚至像艾勃特和欣顿这样老练的哲学家，在很大程度上都忽视了研究四维图形或四维空间的投影技法。

第3章 绘画中的第四维

在 20 世纪之初，欧洲艺术家着眼于第四维度来构建新的观念。这些艺术家利用新的四维几何来使他们对世界的情感体验成为整体。有一些勇敢的尝试，逐月重建早期立体主义时期的智识状态。艺术史学家乔赛普·帕劳·伊·法布利（Josep Palau i Fabre）、琳达·亨德森和皮埃尔·戴（Pierre Daix）在很大程度上重新找回了失去的时间。他们的发现，可以用两种关于 20 世纪头十年所发生的事情来概括：第一，艺术家们把图形看作几何；第二，文化对第四维、n 维几何和非欧几何发展出了一种哲学和神秘的方法，这种方法如此普遍，使得这些截然不同的几何图形之间没有真正的区别。然而，没有完全认识到的是，在一个有利的时刻，与几何第四维更为严肃和复杂的接触推动了巴勃罗·毕加索（Pablo Picasso，1881—1973）和他的合作者发现了立体主义（cubism）。[1]

许多人认为毕加索的《亚维农少女》（1907 年）是 20 世纪第一幅重要的绘画，但就主题而言，它也许应该被认为是 19 世纪最后的重要绘画之一，因为它试图融合的主题都是 19 世纪的。首先，有异国

---

[1]参见蔡天新：《庞加莱、立体主义与相对论》，载《读书》2004 年第 9 期；蔡天新：《第四维、立体主义与相对论——庞加莱时代的文化与科学》，载《科学》2006 年第 5 期。

情调的他者概念，一个高贵的野蛮人，通过住在离地球更近的地方而获得自由，而地球在法国的思想和艺术中有着悠久的传统。这种高尚的野蛮风格贯穿整个 19 世纪，从 19 世纪上半叶欧热内·德拉克洛瓦（Eugène Delacroix）的作品到下半叶亨利·卢梭（Henri Rousseau）的作品，作为文化英雄的崇高野蛮人的幻想，以及从法国殖民主义在世纪之交后不久带到巴黎的非洲艺术实例，都进一步推动了这一现象的产生。毕加索和画家安德烈·德兰（André Derain，1880—1954）对非洲艺术着迷，并于 1907 年参观了它的展览。《亚维农少女》中的第二个主题，是梵·高（Vincent van Gogh）的表现主义思想。梵·高在给他哥哥的一封信中（1888 年 9 月 8 日，阿尔勒），谈到他的画《夜晚的咖啡馆》（1888 年）。梵·高说，他夸大了颜色，像德拉克洛瓦夸张了线条，仿佛葛饰北斋（Katsushika Hokusai），所以即使这幅画不是"对生活的真实"，它也是"对热烈性情的真实"。在梵·高的前提下，表现主义情感是一种比精确的表现主义更好的表现。第三，在《亚维农少女》中，毕加索以冷静的形式主义为基础，就像保罗·塞尚（Paul Cézanne）的作品，他以自然和人类的形象来寻找一个隐藏的、完美的几何学。塞尚去世后的几年里，巴黎出现了这位画家的回顾展，这给年轻的毕加索留下了深刻的印象。这三个主题，那些不同的 19 世纪传统相互排斥的目标，回响在毕加索早期的杰作中：它是一种不可思议的融合，它的尝试给绘画注入了活力，但最终却使它无法解决。

但是，毕加索的《伏拉德像》自 1910 年春天开始情况就不同了。如果 19 世纪的主题对分析《亚维农少女》是必要和充分的，则它们对分析《伏拉德像》既不必要也不充分。尽管当时许多人认为这只是野兽主义的又一个例子，但这并不是一个普通的高贵野蛮人，而是一个特定的人——杰出（且浮夸）的艺术交易商安布兹·伏拉德（Ambroise Vollard）的肖像，他是野兽主义的主要支持者，也是毕加索早期的支持者之一。这幅画有夸张的色彩和线条，但没有表现主义的目的。与其说是表现主义者的"热情的情感"，倒不如说有一种很酷的空间构想，当然不是塞尚会认识到的圆柱体、立方体和锥体。帕劳·伊·法布利认为，这幅画对毕加索非常重要，他花了几个月的时间创作这幅画。与之前的来源不同，毕加索肯定找到了一个新的灵感，一个缺失的链条。1983年，亨德森提出——现在许多人都同意——这个秘密灵感来自四维几何。亨德森将《伏拉德像》比作茹弗雷的《关于四维几何的基本论著》中的图形（1903年；图3.1）。她在毕加索四分五裂的形象中发现了一种酷似茹弗雷的插图，她令人敬佩地记录了20世纪初欧洲和美国大众想象中第四维度的充分存在。

事实上，作为一个考察视觉证据的画家，我发现毕加索，作为他那一代画家中的主导力量，显然在1910年采取了茹弗雷的方法。茹弗雷的画，显示了正二十四胞体的平行投影连同它的一些八面体胞体的表面向外爆炸。茹弗雷回想起斯特林厄姆关于正五胞体、正二十四胞体的爆炸图，这两个胞体分别显示正四面

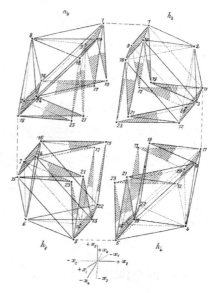

图3.1　1983年，亨德森把《伏拉德像》比作从数学家茹弗雷的《关于四维几何学的基本论著》（1903年）得出的画

体、正八面体胞体，接近顶点，但没有完全连接起来。在《伏拉德像》中，毕加索用颜色和价值来强调前额，前额由不完全相交的八面体组成。其效果是打开或展开那个图形的组成平面，就好像说它们的组装会使太多的子结构合并，使太多需要区分的部件变得看不见。对尖尖的肩膀进行类似的处理（它们本身就是人类形象的顶点）表明这不是即兴创作，而是毕加索的明确意图。

但是，如果毕加索当时放弃了它，立体主义就不会发展成意识扩张的力量。6个月后，在1910年秋天，毕加索的《亨利·卡恩韦勒像》与《伏拉德像》的视野和哲学有很大的不同，就像《伏拉德像》来自《亚维农少女》。在《亨利·卡恩韦勒像》中，对头部的分析完全不同。《伏拉德像》实际上是一个平面的爆炸技法图，《亨利·卡恩韦勒像》由多个透明的、互穿的立方体组成，而这些立方体不能聚集在一起。多个立方体组成头部而不是单个立方体定义它，甚至把所有的立方体放在一起，头部看起来都不完整。直线胞体出现在躯干、静物和背景中，展示了绘画中空间分析的编程特性。

要想理解《伏拉德像》和《亨利·卡恩韦勒像》两者头部的区别，一种方法是考虑现在已被遗忘的教绘画系的学生立体主义的教学法：学生们先用黏土雕刻头部，然后用木材敲碎，"找到平面"，把模型的黏土做成面片。这种技法很可能产生像《伏拉德像》这样的图像，但它永远不能使图像接近《亨利·卡恩韦勒像》，因为它具有侵略性、扭曲地操纵互穿体积。

毕加索在概念上取得最重要的突破时，这是恰如其分的，那就是卡恩韦勒的肖像。在当时毕加索的几个经销商和赞助人中，年轻的毕加索信任的是卡恩韦勒。卡恩韦勒是毕加索的庄家，在毕加索不在的时候进入他的画室，为了收集毕加索的资料并拿走已完成的作品，毕加索把最难画的作品寄给了卡恩韦勒。年轻，知性，外国人（德国犹太人），斗殴，卡恩韦勒将以新的立体主义艺术成名，沃拉德的野兽主义展示已经成为权威。毕加索年轻时与许多同事建立了牢固的联系，其中大多数是男画家和批评家；卡恩韦勒似乎是这一特定群体中唯一的经销商。

　　毕加索在《亨利·卡恩韦勒像》中对空间的新概念，是通过更深入地研究茹弗雷的文本并理解其中所发现的方法来解释的。茹弗雷的名字在后来的数学文献中并不经常出现。他是一个理论合成器，而不是一个独创的思想家。茹弗雷也不是个火药味十足的人，事实上，他怀疑实际看到第四维度的可能性："但是，如果借助对一个平面的投影，或者更好的是，通过到两个平面的两个投影，我们可以很容易形成空间中固体的心理图像，不可能在精神上从四维体投影到物体本身，或者用任何其他方法想象它的形状。我们的头脑无法看到这类物体的形式和具体位置。我们周围的任何物质图像，都不能给我们提供一个坚实的基础或比较的手段。"然而，没有一个同时代的人像茹弗雷那样彻底地进行了四维图形画法的几何学，而他文本中的大量插图掩盖了他的谦逊。茹弗雷还引用了欣顿的说法，"四维空间存在的整个主题，变得非常清晰和易于传授"，因此承认"不可能（看到第四维度）并非对每个人都存在"（Jouffret 1903，xiv 页）。年轻的毕加索就这样被茹弗雷的第四维探索彻底摧毁了。

　　在《论著》一书中，茹弗雷用四幅超立方体的插图演示了用于视觉化第四维度的四种不同的方法。通过对这些插图的仔细检查发现，茹弗雷与毕加索在《亨利·卡恩韦勒像》，特别是头部使用的方法呈惊人相似。首先，超立方体的八个独立的三维胞体被吹出，这些是沿坐标轴的超立方体的截面或三维切片（图 3.2）。该方法的优点是胞体不被透视投影扭曲，且全部被揭示。此外，它们的公共顶点非常接近，使得它们在第四维中的重组更容易想象。

其次，是茹弗雷对舒特四维机械制图技法的发展（图 3.3；见专栏 1.3）。依循舒特的例子，茹弗雷设想超立方体在一个玻璃盒内，当玻璃盒展开并平放时，通过该窗格上的每一块玻璃棒（就像银板照相法）可见的图像。存在着由标记为 x_1、x_2、x_3 和 x_4 四条轴组成的六个配对（有些平面具有公共的棱，有些只有公共的点），因此在外接盒上有六个玻璃平面。该方法的优点在于，它从不同的角度显示了图形的表观旋转。这一技法在《亨利·卡恩韦勒像》上显而易见：卡恩韦勒脸的

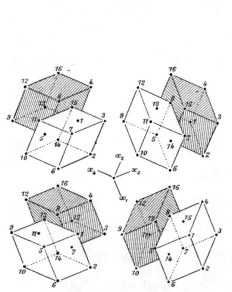

图 3.2　超立方体的胞体的茹弗雷爆炸画

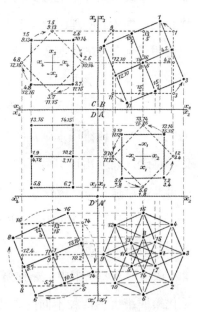

图 3.3　茹弗雷用玻璃盒法的超立方体的机械制图

立方体向卡恩韦勒头部的立方体旋转了45度。这种旋转只能由茹弗雷激发。艺术史学家弗雷德里克·亚当（Frederika Adam）指出了另一个相似之处：卡恩韦勒的头发类似于茹弗雷图中的弯曲方向箭头。[1]

茹弗雷还使用了射影模型（图3.4），其中超立方体的七个胞体被嵌套在第八个胞体中，正如施莱格尔法中的情形。[2]这张图显示了从点到超立方体的进展：一个点被移动一个单位长度来作一条直线，这条直线被垂直移动形成正方形，正方形向后滑动形成立方体，最后该立方体被挤压进入第四维，形成一个超立方体。较小的立方体似乎只在更大的立方体里面，它实际上是在它的后面，在第四维度，离观者更远，用四比三透视投影画出。

考虑毕加索对茹弗雷工作的深刻理解，从《伏拉德像》头部到《亨利·卡恩韦勒像》头部的移动可以看作从切片模型（爆炸图和展开图，诸如斯特林厄姆和舒特所做的）到对四维空间施莱格尔射影模型的解释，在这个模型中，所有的胞体同时被投影到同一个空间，而不相互干扰。

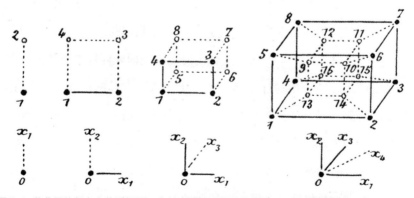

图3.4 茹弗雷的超立方体透视画，在其中显示后部胞体是较小的，因此似乎在里面

被《论著》中的图形所震撼，毕加索一定也读过文本，并理解了第四幅插图所提出的数学观点：茹弗雷对超立方体的非透视投影（图3.5）。尽管这不是透视投影，但图形是旋转的，因此胞体没有被隐藏，后面的胞体用虚线表示。这里再一次（如图3.4所示）显示，我们可以看到嵌套在立方体中的立方体与《亨利·卡恩韦勒像》相比是有用的。但随附的文本提

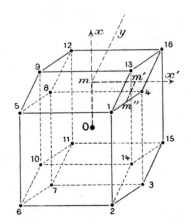

图 3.5　茹弗雷的这个图形伴随着对一个四维图形的边界的讨论，它不可能是二维表面

出了一个不同的观点，这也与充分理解《亨利·卡恩韦勒像》的原创性有关。茹弗雷讨论了从原点 O 向上延伸的直线，从超立方体的内部延伸到超立方体的外部。在点 m，它使直角转向点 m'。考虑一条与平面成直角的直线，它可以在该平面上以无限多的步数在一个圆上扫来扫去，但仍然依附在该平面上。但是，由于它处于超空间中，线 m 的弯曲部分可以在球面上任意方向旋转，且仍然垂直于它的另一段，即使转弯了，它仍然留在那个四维空间中。茹弗雷的论证，意味着超立方体的边界由三维胞体构成。没有任何二维表面是四维立方体的皮肤，任何连接立方体各角的杆，都是完全包围该立方体的皮肤。空间在四维图形内部和外部的此种奇特方式，正是茹弗雷的插图和毕加索的卡恩韦勒像的主题。七百年来，西方画家一直关注物体的皮肤：光如何反射表面，表面如何定义体积。四维投影模型将毕加索从表面的暴政中解放出来，最终使他能够充分展示他对世界的情感反应。

于是，《亨利·卡恩韦勒像》把立体主义充分地实现了；这是第一次完全区分立体主义和野兽主义的表述。从《伏拉德像》开始，以《亨利·卡恩韦勒像》结束的持久影响强大的智识成就，只能来自对茹弗雷文本的重新思考，特别是对上面讨论过的图像的重新思考。只有在《亨利·卡恩韦勒像》上，毕加索才充分利用四维几何使之成为他自己的几何。通过将注意力集中在超立方体上，他发现立体主义中的立方体。也许它应该被称为超立体主义（hypercubism），而不是立体主义。

那么，是谁教毕加索的四维几何呢？科学史学家阿瑟·I. 米勒（Arthur I. Miller）提出，莫里斯·普兰斯（Maurice Princet）为一个可能的来源[①]（专栏 3.1）。亨德森和米勒详述，这个历史证据似乎确证了普兰斯，他是毕加索早期场景中的一员，对四维几何充满热情和知识。然而，证实普兰斯在 1910 年对毕加索的影响的问题是双重的。首先，几位早期观察这场景的人把普兰斯的重要性降低到了最低程度，毕加索后来断然拒绝了这一说法："Il n'en imposait qi'aux cons！"（"他根本没有什么影响！"）其次，也是更重要的，1905 年至 1907 年，在毕加索的生活中，普兰斯十分最常见，那时是《亚维农少女》时期，就在此之前；1907 年以后，他与毕加索的关系似乎已经瓦解。米勒为普兰斯的影响辩护，声称在那幅 1907 年的作品中看到了四维几何的元素。但是，正如我们所讨论的，《亚维农少女》主要受非洲艺术、塞尚、19 世纪表现主义，以及高贵野蛮人的思想的影响；仅仅几年后，

[①]《爱因斯坦·毕加索——空间、时间和动人心魄之美》，阿瑟·I. 米勒著，方在庆等译，上海科技教育出版社 2016 年版，5 页。

专栏 3.1 莫里斯、爱丽丝、巴勃罗和费尔南德

艺术世界和四维几何相遇的第一个经纪人是数学家莫里斯·普兰斯（1875—1971），他向毕加索和其他人展示了昂利·庞加莱的作品，更重要的是茹弗雷的《论著》。莫里斯比巴勃罗大 6 岁，他去世时鲜为人知，也没有受到艺术史家的追捧。根据当代的说法，莫里斯和毕加索一起吃、喝、抽鸦片；经常光顾"洗衣舫"和"巧兔"咖啡馆；参加莱奥和格特鲁德·斯坦（Leo and Gertrude Stein）的沙龙；由于他对四维几何的极大热情，在这个关键时刻，许多艺术家的工作室都欢迎他前来参观。

莫里斯被带到了这个圈子里，在那里他感到宾至如归，他受到爱丽丝·热里（Alice Gery, 1884—1975）的赏识，她从青春期开始就是他的情妇。1933 年，格特鲁德·斯坦记得爱丽丝是"相当像麦当娜那样的尤物，有可爱的大眼睛和迷人的头发"。斯坦补充说，爱丽丝有"粗野的拇指，这是工人的特点"，斯坦"一直喜欢爱丽丝。她有一种狂野的气质，这也许与她那粗野的拇指有关，而且奇怪的是，她和麦当娜的脸很相配"。同样写于 1933 年，费尔南德·奥利维尔同意爱丽丝是一个非常漂亮的深色皮肤的女人，但是费尔南德（他可能有一把斧头要磨）补充说，爱丽丝有一张"邪恶、愤怒、激情"的嘴。1905 年春天，也就是 21 岁那年，活泼的爱丽丝很可能和当时 23 岁的巴勃罗有染，不久爱丽丝就带莫里斯去见她的新朋友。早在1907 年，莫里斯就通过了精算师的考试，在一家保险公司找到了一份工作（斯坦在一家政府办公室里说），并与他那些波西米亚朋友保持距离，从事商业事业。1907 年 3 月 30 日，在巴勃罗的见证下，莫里斯娶了爱丽丝，与她搬到了郊区。但婚姻并没有持续太久，莫里斯选了那个坏女孩。作为他的情妇，爱丽丝在莫里斯需要她的时候（例如，他生病的时候）一直陪在他身边，但除此之外，她还自娱自乐。正如巴勃罗预言的那样："为什么结婚只为了离婚？"的确，爱丽丝作为一个资产阶级家庭主妇坚持了几个月，到了6 月份，据说她是个"très emmerdée"（她觉得无聊了），回到了她在蒙马特的老朋友们那里。在这段时间里，毕加索把她介绍给安德烈·德兰；这是一见钟情，他们的关系蓬勃发展。到了 9 月份，爱丽丝永远离开了莫里斯；她在 1910 年以离婚告终（Stein 1933，23—24 页；Daix 1995，256—257 页；Oliver 1988，42 页）。

莫里斯也是第二拨立体主义者（称为"皮托圈"）的朋友，他非正式地向让·梅辛格（Jean Metzinger）、阿尔伯特·格莱茨（Albert Gleizes）、弗朗西斯·皮卡比亚（Francis Picabia）、马塞尔·杜尚（Marcel Duchamp）、雷蒙德·杜尚-维伦（Raymond Duchamp-Villon）和其他人讲授四维几何，在他与爱丽丝的婚姻结束后，他仍留在现场。但他不太可能与巴勃罗保持亲密关系，巴勃罗对年轻、美丽、贪玩的爱丽丝忠心耿耿，她和毕加索一样，从小就离家来到巴黎。据斯坦说，当莫里斯听说爱丽丝和安德烈有婚外情时，他"撕毁了爱丽丝为婚礼准备的第一件毛皮大衣"。毫无疑问，毕加索和爱丽丝对这样的戏剧感到惊愕；毕竟，爱丽丝一直只忠于蒙马特时尚，而莫里斯却突然扮演了一个又老又妒忌的丈夫的角色？此外，安德烈是巴勃罗在卡恩韦勒画廊的同事。事实上，安德烈在 1910 年仍然比巴勃罗出名，巴勃罗很自然地与爱丽丝和安德烈保持友谊，而牺牲了他与莫里斯的联系。最后，巴勃罗当时在巴黎过着一种活跃的、甚至狂野的社交生活，他依靠长期、安静、与世隔绝的夏季离开巴黎，从事工作和实验。爱丽丝和安德烈获得了与费尔南德和巴勃罗共度夏天的难得特权，包括 1910 年在卡达克斯度过的那个关键夏天，当时毕加索取得了对真正立体主义的创造性突破。巴勃罗很可能在那个夏天带走了茹弗雷的文本，但他确实把莫里斯抛在了身后。

毕加索的作品看起来就像茹弗雷文本中的插图。

1910 年那个漫长的夏天（从 6 月底到 9 月中旬），在巴塞罗那附近的科斯塔布拉瓦，毕加索的故乡西班牙卡达克斯，正好落在《伏拉德像》的春天、八面体尖峰的爆炸图和《亨利·卡恩韦勒像》的秋天，它是具有互穿透明、某种程度坚固的立方体。那年夏天，据说毕加索喜怒无常，与他的情人费尔南德·奥利维尔（Fernande Olivier）争吵，全神贯注于他的工作。他经常画画，但没有产生太多的成品画。那年夏天，爱丽丝和安德烈·德兰来访（图 3.6），和作家马克斯·雅各布

(Max Jacob) 一样，后者是毕加索的朋友，也是一位第四维爱好者。

　　现在考虑毕加索的《手里捧着书的女子》。那个女人是爱丽丝，日期是 1910 年，那本书是茹弗雷的《论著》。这些说法都不能被证实，但如果它们都是真的，那就有道理了。如果它们是真的，这幅被忽视的小画就是立体主义的罗塞塔石碑。这位裸体女子的膝盖上有一本书，她似乎坐在阳台上俯

图 3.6　1910 年，爱丽丝在巴黎。经塔兰德档案馆许可使用

瞰大海：右边，一条遥远的蓝色地平线是清晰的，大海和天空之间的空间差异也是如此。左边可能是一个翻滚的蓝色悬垂物和阳台的格栅图案。毕加索在卡达克斯的房子有一个可以俯瞰大海的阳台，他的前任情人爱丽丝·德兰（Alice Derain），普兰斯的前夫人，就住在离他几扇门远的地方。那年夏天，毕加索接受委托为马克斯·雅各布的一篇文章配图，他用的其中一幅图片是一位坐着读书的女人，所以他脑海中浮现着那个影像。在当代的记述中，爱丽丝被描述为一个伟大的读者——一个从纪尧姆·阿波罗内尔图书馆借书的人。从风格上讲，这幅画很可能是从 1910 年开始的。画上的线条不是形状的边缘，但它们不是字母或字母的一部分，就像以后几年的情况；相反，它们似乎

是格栅的一部分。虽然不同的作者估计了这幅画的日期从 1910 年到 1914 年，毕加索不是在山上，就是在巴黎，而不是在海边，就在 1910 年那个炎热夏天之后的几年里。

但是，这种大胆解释的最佳支撑是在那幅画本身：画中最坚实的结构是意识金字塔（pyramid of consciousness），即集中观察的金字塔（通常根本不认为是一件坚实的东西），它源于女子眼睛对放在膝盖上那本书的投影点。这种清晰呈现的阅读金字塔，可与茹弗雷对投影法的解释的插图相比较（图 3.7）：

　　这一事实不是分析性的虚构：我们第八章的图给了它一个立体的物体，使它成为有形物体。只要看一看图，你就可以一次又一次地验证，当空间处于我们（第三章和第四章）定义的垂直于投影平面的位置时，属于同一空间的所有点、直线和平面都投影在一条直线上。例如，以下两幅图是段落 46 中的绘图部分。它

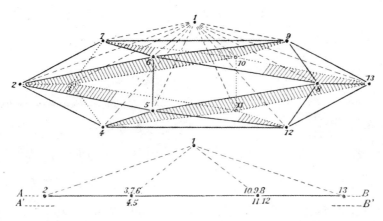

图 3.7　茹弗雷用这幅介绍性的图画解释了他的投影技法。直视线隐藏顶点背后的顶点，斜视线显示第四维的厚度

们都是正二十面体的投影，其空间 E 在第二张图中位于那个位置，而在第一张图中靠近空间 E。二十面体的横向尺寸在第一张图中已经大大减少，在第二张图中则完全消失了：投影被缩小为一条直线 2-13，它将收集 E 空间的所有其他点。如前所述，位于第 1 点的眼睛在 E 空间外，在同一水平上，会看到整个固体的外部和内部；它的任何部分都不会隐藏任何其他部分，因为连接物体任何两个点的方向都不在 E 空间之外，因此不能与想象中的视线 1-2、1-3、1-4 相吻合。二十面体的想象视觉和我们对它的视觉的区别，就像眼睛在同一平面上对多边形的感知和我们对它的正常感知的区别一样。一个人现在确实理解了我们使用的表达的含义，因为缺少一个更好的表达：第四维度方向的深度；它涉及两条平行线 AB、A'B' 之间的区域。它与平面中由两条平行线组成的部分相对应，在这两条平行线之后，两个空间被投射在与那些直线垂直的平面上。其中一个区域与其他区域皆等于直线之间的最短距离。（Jouffret 1903, xxix 页）

　　茹弗雷的插图，比他的解释更清楚。底部的线是二十面体的投影。一方面，茹弗雷显示了许多顶点（例如，标为 8、9、10、11 和 12 的顶点）都投影到一条直线上的同一点。另一方面，末端的顶点（以透视角度观察的顶点，如数字 2 和 13）将被投影角所取代。这个位移量，将显示"第四维方向的厚度"。在当代用法中，四比三透视投影显示所有的隐胞体（hidden cells），而等距投影，特别是四比二投影，可以隐藏胞体背后的胞体。投影金字塔（pyramid of projection）是看第四维度的好方法，《手里捧着书的女子》有这样一个投影金字塔。因此，这幅画很可能是爱丽丝·德兰在阅读茹弗雷的文本并将第四维度形象化，而且，正如毕加索作品中经常发生的那样，这幅画也是一幅关于绘画的画。诠释了《手里捧着书的女子》，毕加索诚挚感谢爱丽丝在他寻找第四维度的过程中所给予的帮助和陪伴。

毕加索私下将四维几何应用于绘画中的一个正式问题，他的同事会感兴趣（专栏 3.2），但为什么要引起公众的共鸣呢？根据亨德森在《现代主义与科学》一文中的说法：

> 伦琴（Röntgen）于 1895 年 12 月底发表了他的发现，引发了对 20 世纪中叶第一颗原子弹爆炸之前的科学发现最直接、最广泛的反应。透过衣服和肉身观察骨骼的能力，提供了一种令人吃惊的新的生命体观。X 射线使固体物质变得透明，揭示了以前看不见的形态，并表明这些形态与周围的空间之间存在着一种新的、更流畅的关系。立体主义者和未来主义画家们并没有忘记这一教训，他们在形式上采取了类似的透明度和流动性。"谁还能相信身体的不透明？"意大利未来主义画家乌姆贝托·博乔尼（Umberto Boccioni）在 1910 年 4 月的《未来主义绘画技法宣言》中提出质疑。(Henderson, 2005)

随着 X 射线的发现，科学证明可见光仅仅是电磁波谱的一小部分，并没有揭示"看到"所有的真相，特别是在不透明的物体表面背后有一个视觉信息的世界。

X 射线提供 $n-1$ 维投影视图，必须将若干投影叠加在心眼

专栏 3.2   格里斯、布拉克及其他艺术家

在立体主义被发明的时期，胡安·格里斯（Juan Gris, 1887—1927），特别是乔治·布拉克（George Braque, 1882—1963）经常与毕加索并肩作战（虽然不是在卡达克斯）。因此，他们的作品也应该包含与茹弗雷的图像相似之处。例如，为了使他的观点更清楚，茹弗雷绘制的胞体是透明的，使用纹理和虚线来区分不同的层（图 3.8）。这样的符号设备在布拉克上并没有丢失，它的笔刷标记功能类似，以图解的方式表示透明层。格里斯的画《一个女人的头部》（1911 年）被压缩成正方形，即立方体的正视图。头部沿对角线进行切割和旋转，以使原先隐藏在视线之外的部分向前移动，就像茹弗雷在他的范例中一样。

茹弗雷的《四维几何学中的各种论题》（1906 年）在历史记述中似乎没有点名提及，但很难想象这一文本也没有得到考虑。在书中，茹弗雷提出了一个在毕加索、布拉克和格里斯作品中引起共鸣的建议。茹弗雷建议，"设计可以通过在一张卡片上使用两张不同颜色的纸来说明（四维图形的）'不同情况'，并将它们从一张并排移到另一张，以显示成为四面体各面的三个三角形的旋转"（195 页）。因此，拼溶（collage），最与立体主义相关的文体创新，也许是由茹弗雷在 1906 年提出的。（茹弗雷建议的颜色编码单位，在四维研究中有一个重要的先例：欣顿训练自己通过记忆超立方体的颜色编码截面来可视化超立方体，并利用颜色来跟踪匹配的部件。）

在 20 世纪的头十年，四维几何学对其他现代艺术家的影响应该提及。马列维奇（Kazimir Malevich）、布拉格登，（有时）杜尚都使用平面的几何图形来表示四维图形的单个切片。这种装置，依靠标题或注解，将

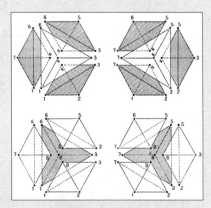

图 3.8 茹弗雷正五胞体变化方面的图，如同它是在四维空间呈现

观者的注意力从最简单、最直接的形状解释转移到将形状作为一个整体的单独切片的视觉内插。一个人也必须给这样的作品带来对四维几何学知识丰富的热情，并愿意帮助艺术家完成大量的体验。杜尚的其他作品，如《下楼的裸女2号》，和未来学家乌姆贝托·博乔尼使用切片的顺序，以表示一个物体随时间移动为四维物体。但是，时空被切成时间中的空间，对四维几何的理解远不那么复杂。因此，毕加索、布拉克、格里斯和其他人试图同时看到多个物体投射到同一地点的立体主义，是这一时期发展起来的最复杂的形式战略。

(mind's eye) 中，才能重新组合完整的图像。例如，从顶部到侧面的X光检查手腕骨折是必要的。茹弗雷的投影法是一种四维X射线：它用直线穿过四维图形，在平板（即地图）上俘获 $n-1$ 维截面，指出其中一个截面的顶点与从不同角度截取的其他截面的顶点重合。茹弗雷指出，如果没有这样的多重投影，我们就没有比二维物体具有三维物体更好的四维物体的心理形象。

在20世纪头十年的技法绘图中，也发现了这种超越表面的魅力。查阅一部1902年的百科全书，显示它是用断面图（图3.9）和停止运动摄影的图像。断面法特别支持这样的目标，那就是通过看表面 (surface) 以外的东西来讲述更多关于物体的真相 (truth)。茹弗雷认为他的读者有能力理解这些装置。假如茹弗雷的图是特定的孢子，技法插图就是立体主义生长的一般腐殖质。

在立体主义之前，西方绘画完全依赖于事物的外观：表面上的光如何描绘三维形态，光反射不同的表面如何传达这些表面的纹理，以及这些三维表面如何划分出三维空间。但是在 1910 年，毕加索成了一种新文化的拥护者，科学告诉我们，事物的本质在于隐藏皮肤的结构。毕加索对第四维度——特别是投影模型——的私人使用在当时和现在对许多人都有影响，因为它实现了整个文化的一个目标。模拟四维空间的投影法在同一时间放置多个三维空间，任何二维表面都不能囊括这个空间。立

Fig. 2884.
HALLS AND GALLERIES OF THE CARPENTER ANT.

图 3.9　一部 1902 年百科全书中的断面图

体主义不是空洞的形式即兴创作，它震撼了西方绘画，因为它提供了一种新的看待空间的方式，被认为是更真实的生活。毕加索用四维几何的技法绘图向他的观众展示了他们所知，但在其他情况下却看不见的那个实在。

第4章　现　实

1908 年 9 月 21 日，赫尔曼·闵可夫斯基（Hermann Minkowski）在科隆举行的第 80 届德国自然科学工作者大会上宣读了他的著名论文《空间和时间》。在此之前，认为空间可以用四维几何来描述，还只是一个想法。在其宣读后，这便成了现实。为了了解它是如何成为现实的，我们必须追溯当时以太（传播光波的无所不在的假想媒质）被重新定义的困惑何以成为四维几何中的一个难题。在 20 世纪初，以太的本性是科学中最令人困惑的难题。就像目前量子引力（quantum gravity）之谜，解决它的人将永垂青史。

1881 年，美国物理学家阿尔伯特·迈克耳孙试图通过将单束光分成互相垂直的两部分，然后比较它们往返时间以测定以太速度并寻其方向（图 4.1）。迈克耳孙假设，与以太平行的那束光比垂直那束光会

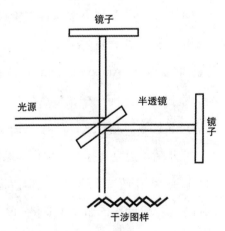

图 4.1　迈克耳孙-莫雷实验（Michelson-Morley experiment）。光束被半透镜分开，经过两条垂直路径后重新汇合

受到明显影响。当两束独立的光从两面镜子返回后会落在（观测屏）的中心区域，当再次汇合后可以观测到干涉条纹：波峰叠加会异常亮，而晚到的叠加波峰会相应在另一处变亮。人们认为，随着以太运动而传播的光会在速度上得到提升，与以太运动相反传播的光会被拖曳所阻碍，而穿越以太流的光将不受影响。

这个实验十分微妙。顺行的加速和逆行的拖曳并不能完全抵消，只能观察到这两种效应之间的差异。与光路长度相比，光速是如此之快，因此所要测量的最大精度仅为一亿分之一。仅仅百分之一度的温度变化，就会产生一个比预期观测大 3 倍的虚假结果。在一支置有镜子的臂上仅增加 30 克，就会使系统失去校准，而整部仪器重达数吨。最糟糕的是，迈克耳孙发现，在远离实验室一百米之处跺脚，也会破坏任何观察结果。最后，由于地球在地轴上自转和围绕太阳的公转增加了仪器的速度，因此必须比较同一仪器在几乎相同的状态下在一天的不同时间和一年的不同时间进行的测量。迈克耳孙的结论是，他的第一台仪器不够灵敏，无法克服这种实验噪声，因此他无法找到以太对光速的影响。此外，诺贝尔奖得主、荷兰物理学家亨德里克·安托恩·洛伦兹（Hendrick Antoon Lorentz）指出，横向路径也会受到以太流的影响，就像游泳过河一样，虽然与在河里顺游、逆游不同，但也会对游泳者产生影响。基于这一考虑，观察结果所受影响约占两亿分之一。

六年后，迈克耳孙与美国化学家、物理学家爱德华·莫雷（Edward Morley）合作建造了第二台仪器。迈克耳孙－莫雷实验使用一块巨大的砂岩块，面积 1.5 米 × 1.5 米，厚 35 厘米，漂浮在水银槽中，以放置仪器。多个反射镜将光路延长到 22 米；较长的光路和较短的仪器臂，减少了热干扰和其他影响。迈克耳孙仍然找不到以太对光速的任何影响，他因第二次失败而放弃了这架仪器，没有费心在一年中的不同时间重复实验，沮丧（而正确地）假设那些结果没有什么差异。

英国物理学家杰拉德·弗朗西斯·斐兹杰惹（Gerald Francis Fitzgerald）和洛伦兹分别认为，撇开（或不知道）制造一种足够灵敏的仪器在实验上存在的困难，1887年的迈克耳孙—莫雷实验数据是有效的，他们试图用一种创造性的，甚至是离奇的理论来证实以太和解释那些否定结果。首先发表意见的是洛伦兹。1892—1893年，然后是1895年，洛伦兹认为，逆以太而行的仪器臂会缩短，就像曳力会减慢光速一样：较短路径上较慢的速度，使得往返等于较长路径上更快的速度。"我们不得不设想，"洛伦兹指出，"固体……穿过静止的运动以太会对这固体的尺寸产生影响，影响的大小随着物体相对运动方向的方位而变化。"他接着说这种收缩"决不是牵强附会的，只要我们假定分子力也……通过以太而传递……现在，既然固体的形式和大小最终取决于分子作用的强度，因此物体大小的变化也就不会不存在。"①（Lorentz 1895，6页）

对于斐兹杰惹和洛伦兹来说，1887年的否定结果提出了一个令人不安的问题：所有其他波都在媒质中传播——空气中的声波，水中的冲击波。似乎是波的定义，它是通过从基底单元到基底单元的局部传递能量来传播的。说到光波，在所有的波中，在某种程度上都不受这种物理学影响，这似乎是特设的（ad hoc），令人不安。因此，保留以太的概念似乎是一种迫切的需要，而物质分子之间的空间收缩，反过来又像海绵一样在其运动方向上看似收缩着刚性杆，这一设想完全是

---

① 《相对论原理》，A. 爱因斯坦等著，赵志田等译，科学出版社1980年版，3—4页。

简略的。如果必须有媒质，就必然影响光速，因此，刚性杆的长度必须缩短以补偿。[1]

然而，在昂利·庞加莱（1854—1912）看来，这一理论并不简略。1895 年，庞加莱开始了与洛伦兹的公开辩论。庞加莱虽然一般性认可洛伦兹方法的某些方面，却抱怨洛伦兹的解决办法过于草率；首先，从定义上说，它是不可观测的，因此是无法检验的。这是一个假说，很可能永远如此。洛伦兹的动机更使庞加莱感到不安；如果将"收缩"视为捍卫以太存在的一种方式，庞加莱非常乐意抛弃以太，因为他在哲学上拒斥绝对运动的概念，从而拒绝了静止以太的绝对参考系。其次，如果以太可以作用于物质，那么物质必然能够作用于以太，而另一种尚未明确的力必须是假设的。作用和反作用，没有提到绝对参考系，就意味着世界时（universal time）在某种程度上受到攻击。虽然他没有像爱因斯坦那样强调同时性（simultaneity）的相对性，但庞加莱确实看到，在一个参考系相对于另一个参考系的方程式中，彼此独立的参考系意味着时间必定是真实的第四变量。

对于庞加莱而言，洛伦兹变换（Lorentz transformations）问题以抽象方式得到更好的研究：如何将一组数字转化为另一组数字。他认为，通过一个熟悉的旋转符号的数学运算（一种带有正弦和余弦的矩阵乘法），就可以发生这样的变换（见本书附录）。然后，庞加莱意识到，如果在一个四维网格上绘制出空间坐标和时间坐标，就可以得到一个几何对象，且这个对象是刚性的，旋转时（即通过洛伦兹变换处理时）不会改变。因此，庞加莱将洛伦兹变换描述为刚性四维几何对象围绕原点旋转的时候，发明了不变的四维时空对象——变换多重性的积分原点。没有这一重要的中间步骤，就很难想象相对论的发展。庞加莱后来指出，"发生的一切就像时间是空间的第四维一样，就像由普通空间与时间结合而成的四维空间可以绕普通空间任一轴旋转，而时间并不改变。因为此种比较在数学上是精确的，所以有必要把纯粹虚值赋予空间的第四个坐标。在我们的新空间中，点的四个坐标不是 x，y，z 和 t，而是 x，y，z 和 $t\sqrt{-1}$"[①]（Poincaré 1913，23 页）。

庞加莱旋转（Poincaré rotation）的表述形式给人一种错觉，即这种旋转类似于三维空间中的规则刚性旋转，只需将时间坐标转换为欧氏坐标（通过将 t 乘以虚数单位 i——-1 的平方根）。该设计掩盖了这些洛伦兹旋转（Lorentz rotations）截然不同这样一个数学事实：没有虚数单位，此种旋转就会随着它们的移动而扭曲。庞加莱并没有以图形的方式呈现他的旋转，也许是因为他意识到这会把他的刚性三维结构的类比推得太远。

阿尔伯特·爱因斯坦（Albert Einstein，1879—1955）在他的论文《论动体的电动力学》（1905 年）中没有提到迈克耳孙—莫雷实验和庞加莱，但他确实间接提到了它们。在运动物体电动力学的电流表述中存在着"不对称"："如果磁体在运动，导体静止着，那么在磁体附近就会出现一个具有一定能量的电场，它在导体各部分所在的地方产生一股电流。但是，如果磁体是静止的，而导体在运动，那么磁体附近就没有电场。可是在导体中，我们发现……这种电流的大小和路线都同前一种情况中由电力产生的一样。"[②] 这正是困扰庞加莱的不对称

---

① 《最后的沉思》，彭加勒著，李醒民译，商务印书馆 1996 年版，28—29 页。译文有改动。
② 《爱因斯坦文集》（增补本第二卷），范岱年等编译，商务印书馆 2017 年版，92 页。

问题。此外，也有"企图证实地球相对于'光媒质'运动的实验的失败"[①]——到那时为止，这是迈克耳孙—莫雷实验非常著名的否定结果。综合起来，这两个异常情况表明"没有与绝对静止相对应的属性"，因此以太必须消失，它现在是"多余的"。抛弃以太后，爱因斯坦现在提出了两个公设：（1）"在力学方程成立的一切坐标系中，电动力学和光学的定律都同样适用"；（2）"光在空虚空间里总是以一确定的速度 c 传播，这速度同发射体的运动状态无关。"[②]（Einstein 1905, 37—38 页）

爱因斯坦意识到，只有这两个公设（到 1905 年，每一个公设似乎都是合理的）强制了地方时（local time）的概念："数学描述……只有在我们十分清楚地懂得'时间'在这里指的是什么之后才有物理意义。……要点是，用静止在（每个）静止坐标系中的钟来定义时间。"[③] 因为比较一个本地时钟和另一个本地时钟必须花费一定的时间，所以不可能有通用的"公共时间"[④]。（39 页）

在论证中，两个非常重要的结论随即产生："长度和时间的相对性。"[⑤] 爱因斯坦告知其读者，想象一个运动的刚性杆沿着测量坐标系的 x 轴滑动。测量此杆的长度，意味着注意标记刚性杆的"两端"通过 x 轴测量标记的"时间"。但是，根据上面的论证，对在 x 轴上静止的观测者与沿动刚性杆一起运动的观测者而言，两者消逝的时间必不相同："由此可见，我们不能给予同时性这概念以任何绝对的意义；

---

① 《爱因斯坦文集》（增补本第二卷），范岱年等编译，商务印书馆 2017 年版，92—93 页。
② 《爱因斯坦奇迹年——改变物理学面貌的五篇论文》，约翰·施塔赫尔主编，范岱年等译，上海科技教育出版社 2007 年版，98 页。
③ 同上，99 页，101 页。
④ 同上，100 页。
⑤ 同上，101 页。

两个事件，从一个坐标系看来是同时的，而从相对于这个坐标系运动着的另一个坐标系看来，就不能再被认为是同时事件。"[①]（1905 年，42页）换句话说，我们不能摆脱测量时间而测量长度，我们不能测量时间，除非我们看时钟，而时间读数不是瞬时的。因此，长度读数对于运动的观察者和静止的观察者来说不会一样。

爱因斯坦随后证明了这些长度失真正是斐兹杰惹—洛伦兹收缩（Fitzgerald-Lorentz contractions）所描述的。洛伦兹和斐兹杰惹因其所有错误的理由是对的；他们正确计算了收缩，但这种收缩并不是由于以太的拖曳，而恰恰是因为根本不存在以太——没有普适的参考系，也没有世界时。此外，爱因斯坦还指出，将时间和长度作为速度的函数对"电动势"和质量都有影响，电动力学和经典牛顿物理学都必须加以修改。

赫尔曼·闵可夫斯基将庞加莱的四维几何方法与爱因斯坦对时钟变慢和动刚性杆收缩的分析结合起来，构建了能完全解释狭义相对论的几何模型。闵可夫斯基在 1908 年的论文《空间和时间》一开始就声称，他将从数学考量出发，进行纯粹的数学演绎，而这些纯粹的数学表述应用于物理学时，将解释洛伦兹变换以及推动爱因斯坦学说的进一步发展。他说，通过这种演绎的、综合的方法，他可以更深入地理解结果——实际上，是一种解释，而不仅仅是一种描述。此外，同样的数学方法可以更好地区分牛顿物理学和相对论：加速度、力、质量、电荷和场都可以这样重新定义。最后，闵可夫斯基自己提出了一个超

---

① 《爱因斯坦奇迹年——改变物理学面貌的五篇论文》，约翰·施塔赫尔主编，范岱年等译，上海科技教育出版社 2007 年版，103 页。

出洛伦兹和爱因斯坦的洞见：空间本身，以及时间测量和长度测量，都被相对论性速度所改变。所有这一切都是可能的，闵可夫斯基声称，因为几何学（空间的数学描述）以一种深刻而神秘的方式（他只能开始惊叹于这种联系）与实验（空间中事件的经验描述）相结合。

闵可夫斯基希望"说明怎样才能……用纯粹数学的思想方法得出新的空间时间观念"[1]（Minkowski 1908，75 页）。他遗憾地说，物理学家们首先做到了这一点（"这样一种预见，将会是纯粹数学的卓越成就"[2]），而且推断，"目前数学虽然只能发挥阶梯的作用，却总可以认为是事后聪明而自慰，而由于巧妙的前提，以及因高瞻远瞩而使其领悟能力敏锐，它就能够立刻掌握住关于千变万化的自然概念的深远结果"[3]（79 页）。所有这一切都是可能的，因为"纯粹数学和物理学之间存在前定和谐"（91 页）。事实上，闵可夫斯基对空间的可替代性质的哲学思考，对物理学未来的重要性，就如同他对洛伦兹变换的重新表述一样重要。

这种重新表述开始于爱因斯坦的观察的重新陈述，即物理学定律相对于匀速运动是不变的。"如果我们改变坐标系的运动状态，即让它作某种**匀速平移运动**……方程的形式也不变"[4]（75 页，着重强调是闵可夫斯基的）。这意味着，在远洋班轮甲板上玩抓子游戏（playing jacks）的女孩有着和在家里的人行道上玩抓子游戏的女孩完全一样的技能和同样的效果。闵可夫斯基说，这一事实的含义以前尚未充分认识到。在二维时空图中，空间是水平的，时间是垂直的，匀速运动可

---

① 《相对论原理》，A. 爱因斯坦等著，赵志田等译，科学出版社 1980 年版，61 页。
②③同上，64 页。
④同上，61 页。

以被描绘成一个倾斜的时间轴：沿着垂直轴向上移动，在时间上稍晚一点，沿着距离轴移动，在空间中移动更远一点。"我们可以给时间轴以我们选择朝上半部的任何方向，"闵可夫斯基如是说，从庞加莱把洛伦兹变换视为旋转得到启示（77 页）。在爱因斯坦的论文发表之前，他一直在深入研究庞加莱。

然后，闵可夫斯基绘制了一个曲线图，一条双曲线，并加入了表示匀速运动的旋转时间轴，此种约束条件只会使它与双曲线相交于一个点。在他的图中，垂直的 t 轴和水平的 x 轴描述静止的空间；倾斜的 t 轴描述连续、均匀运动的空间，在接近光速时达到最大旋转。由于时间轴顺时针旋转，曲线便如爱因斯坦描述的那样延展（专栏 4.1）。

然后，闵可夫斯基提出了他的洞见：他说，在旋转时间轴时，空间轴也必须旋转，但不是像庞加莱的欧几里得表述所暗示的如同在坐标系的刚性旋转中那样远离 t 轴，而是**向**时间轴旋转，从而关闭该空间。使时间轴向渐近线（表示光速的线）倾斜，也使空间轴向渐近线倾斜；空间和时间以这种灵活方式连接起来。于是，闵可夫斯基指出，"无论是爱因斯坦还是洛伦兹，都没有对空间概念提出任何非难。……不过这个步骤对于真正了解（时空）还是不可缺少的"[1]（83 页）。对"空间"的这些变化是在"事物"的观察中看到的精确变化，这些变化导致了洛伦兹变换和爱因斯坦的诠释。

闵可夫斯基认为，他有时声称的重要结论仅仅是对爱因斯坦、庞加莱和洛伦兹的数学表示法的改进，但他从未完全阐明他所带来的巨大变化。在展示空间几何本身因运动而改变的过程中，他展示了数学

[1]《相对论原理》，68 页。

专栏 4.1　闵可夫斯基表述

y 轴的末端定义了一个位置（点 T；图 4.2）：某一特定方向上的光速乘以持续时间。这个位置也可以被毕达哥拉斯定理定义为三维坐标平方和的平方根：$ct=\sqrt{x^2+y^2+z^2}$。保持这种关系，需要空间轴的折叠。闵可夫斯基完成了曲线下的平行四边形（使用向量加法；图 4.3），并指出这种扭曲和修改的网格是对正在考察的相对论性空间的精确描述（图 4.4）。

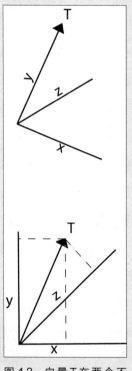

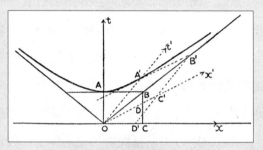

图 4.3　闵可夫斯基的图是为了解释狭义相对论。当测量向量 T 旋转时，它以 45 度伸展并达到最大长度和最大旋转，即光速

图 4.2　向量 T 在两个不同的坐标系中，一个坐标系是另一个坐标系的旋转。庞加莱指出，以恒定速度行进相当于处在一个旋转的参考系内。向量 T 的长度，由静止坐标系中的毕达哥拉斯定理或旋转坐标系中的时间推移来定义

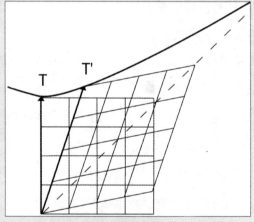

图 4.4　闵可夫斯基对空间的压制。整个坐标系，整个空间，都被狭义相对论的过程所拉伸和挤压

和物理学结合在一起的方法。通过运动，数学家可以改变空间，这个空间此时是一个准物理实体。考虑到空间至少是一个完全空白的屏幕，数学在屏幕上投影出的幻灯图像，建立了空间被重力扭曲的概念能力和过程模型，如同广义相对论，以及当代弦理论中的情形。十分可惜，闵可夫斯基在 1908 年发表演讲 6 个月后，死于阑尾穿孔，享年 44 岁，无法看到他的思想对我们意识的影响，也无法给我们在观念挑战上提供一点帮助。

然而，我们必须探讨闵可夫斯基用来想象这个特殊空间所用数学模型的关键问题。有三种可能性：他认为空间主要是四维空间，或者非欧空间，或者射影空间。

科学史学家彼得·加里森（Peter Galison）认为，四维几何可视化（visualization of four-dimensional geometry）是闵可夫斯基创造力的引擎，而这个四维的"世界"只是在他 1908 年那篇论文中得到了充分发展。加里森注意到，闵可夫斯基在这篇论文中明确指出，"从今以后，孤立的空间和孤立的时间注定要消失成为影子（shadow），只有两者的某种统一才能保持独立的实在（reality）"[①]（75 页）闵可夫斯基谈到了多个空间（spaces），而不是单个空间（space）："我们在这个世界上应该拥有的不再是只有一个空间，而是有无数个空间，就像在三维空间中有无数平面一样。"（79 页）再者，闵可夫斯基提到了"世界线（worldline），可以说，它是这实体点无穷无尽经历的一种表象，线上的点可以参数 t……明晰地确定"。换句话说，空间中的每个点实际上

---

① 本书的英文书名《实在之影》，也许由此而来。参见：《相对论原理》，61 页。

只是四维空间里线上的一处位置，而这些位置不仅仅是三维空间中的时刻。相反，必须考虑这条线的四维属性。"在我看来，"闵可夫斯基说，"若将物理定律表示成这些**世界线**（界定四维空间的线）之间的互易关系，才会发现它们最完美的表达式。"（76 页）。

斯科特·沃尔特（Scott Walter），虽然接受了加里森的大部分解释，却强调了闵可夫斯基论证的非欧几里得成分。沃尔特是一位科学史家和科学哲学家，他的论点是基于闵可夫斯基的一篇不大为人所知的论文《相对论原理》（*Das Relativitätsprinzip*）。1907 年 11 月 5 日，闵可夫斯基首先在哥廷根数学学会上宣读了这篇论文。在他去世后，由阿诺德·索末菲（Arnold Sommerfeld）于 1915 年出版。这篇论文未包括在《闵可夫斯基选集》中，也没有任何英文译本，但它不仅包含了他的第一篇相对论表述，而且在某些方面包含了数学上最精致的推导。他没有谈论世界线（根本没有提到），而是基于马克斯·亚伯拉罕（Max Abraham）的电磁辐射理论，提出了这样一种了不起的说法："在任何给定时刻，空间中电磁波谱的全部状况，都可以通过单一的四维向量的行为来演示（即产生）。"（929 页）这个向量的第四个元素是虚数，它赋予这个向量洛伦兹变换的记号 +，+，+，−。亚伯拉罕的理论描述了两个空间：随着运动辐射而传递的空间；观测者的静止空间。闵可夫斯基在他 1907 年论文最重要的第一节得出结论："我转引了（亚伯拉罕）方程式，一个与相对论原理有关的数学事实变得显而易见。……通过纯实数的线性变换……四维空间的正交变换被无矛盾的电理论基本方程所允许（即揭示）。"（931 页）洛伦兹变换的双曲记号在亚伯拉罕方程中被揭示出来，这似乎是另一组考量因素。

非欧方法乃基于非欧几何的性质，物体在这样的空间中运动会改变它们的形状。例如，在正曲率的情况下，球面上的小三角形的三个内角之和可以达到 180 度（或稍多一点）。但是，当这个三角形被移动和扩大，北极作为顶点，赤道作为底边时，三个内角之和可以高达 270 度。沃尔特指出，"闵可夫斯基读者中的许多数学家可能认识到了（负曲率的）伪超球面的方程。……我们有对闵可夫斯基将世界——在某种意义上——描述为一个四维非欧流形的解释前提"（Walter 1999，99 页）。

沃尔特进而指出，菲利克斯·克莱因更喜欢这种 1907 年的表述。克莱因说，"是我最喜欢的"，因为它包含了闵可夫斯基的"内在的数学思想，特别是不变量理论的思想，而在（其他著作）中，为了不假设有任何的预备知识，他选择了一种特设的矩阵运算（强调四维方法，而不是非欧方法），尽管这一算法表面上更容易隐藏其内部操作。"[①]（Klein 1926，第 2 卷，74 页）克莱因认为，早在四维"世界线"的精致化之前，那篇 1907 年的论文非常优秀，而绝不是一种粗糙的阐述。克莱因暗示，闵可夫斯基后来不再强调非欧方面，而倾向于进行一种专门的四维阐述，这不过是闵可夫斯基对非专业读者的一种诱惑。四维几何是大众想象中的一部分，非欧几何却并非如此。我们可以合理地假设，在 1908 年的论文中，闵可夫斯基用图像、隐喻，甚至陈词滥调来赢得读者，这些至少会让他的读者超越第一点——空间和时间相互束缚在一个四维系统中——甚至会危及他最终的洞见。

1907 年，闵可夫斯基将他的新空间称为四维空间和非欧空间。很有可能射影几何也出现在闵可夫斯基的脑海中。他的笔记显示，在 1904 年夏天，闵可夫斯基回顾了射影几何和仿射几何，并提到了射影

[①]《数学在 19 世纪的发展》（第二卷），F. 克莱因著，李培廉译，高等教育出版社 2011 年版，68 页。

几何学家普吕克（Julius Plücker）和菲利克斯·克莱因的名字，为下一个学年的课程做准备。[2]在前往他在哥廷根大学的办公室时，闵可夫斯基思考了一个又一个布吕尔模型。此外，物理学家恩格尔伯特·舒金（Englebert Schucking）在一次访谈中向我解释，闵可夫斯基时代的数学家认为所有几何学从根本上讲都是射影几何，以及由无穷远的事件和结构的不同选择导出的射影几何子集的具体类型。具体来说，我觉得闵可夫斯基是使用高维图形的射影模型来解决两个重要的难题。

爱因斯坦提出的难题，不完全是将一组数字转换成另一组数字，而是观察者在另一参考系（另一种匀速运动状态）中如何看待一个参考系中的事物。这两个空间正被合到一起，"投影"这个词的频繁使用表明，闵可夫斯基认为："既然那个（相对论）公设意味着只有由空间和时间构成的四维世界是由现象给定的，而在空间和时间上的投影仍拥有一定的自由度。"（1908年）将我们的时空与它们的时空进行比较，需要将我们的单位向量（连同我们的四个坐标）投影到它们的单位向量上（即由我们的单位向量变形所致）。此外，特殊实在（special reality）所描述的变形是更为简单的四维形式的偏斜投影；洛伦兹变换是将一种偏斜投影与另一种偏斜投影联系起来的方式。"我们就不得不承认，只有在四维世界中，这里所考虑的各种关系才最简单地表现出其内在本质，而在先验强加于我们的三维空间中，它们所投下的只是一个非常复杂的投影"（Minkowski 1908，90页）。彼得·加里森指出，"闵可夫斯基将影子、投影和平面的视觉图像从三维转移到新的四维空间"（Galison 1979，118页）。

闵可夫斯基有待投影法解决的第二个难题，是如何用数学方法描述时间的膨胀（dilation of time）。在17世纪的微积分中，时间已经与空间相连，这是有史以来最成功的数学系统之一。但在《空间和时间》的第四段开头，闵可夫斯基说，"空间和时间的概念，使在 $t=0$ 的 x，y，z 流形与其两边（$t>0$ 和 $t<0$）截然分开。"动词 auseinanderfallen 可以翻译成"摔成碎片"的意思，如同一个论点瓦解。换句话说，当速度接近光速时，微积分切片模型对事件的描述是不充分的。但在更具体的翻译中，那个动词的意思可能是"分开"，指连续流形被分开，必须由其他数学系统组成整体。闵可夫斯基鼓励我们鼎新思维，用线，实际上是不同长度的直线来取代世界点（world-point）："与静止实体点相对应的世界线（world-line）"（1908 年，87 页）。将直线等同于点，特别是拥有弹性距离标记的直线，乃是射影几何学的基本法宝。

要理解这个想法，考虑下面的例子。爱丽丝的环城之旅（一个不同的爱丽丝，曾经被称为观察者 A，但现在被物理学家人格化为爱丽丝）可被分割成瞬时的片段（$t=0$，$t=1$，$t=-1$），说明她在那些时刻将在哪里以及她将以怎样的速度行进。然而，在相对论中，即使鲍勃和爱丽丝有完全同步的时钟，

爱丽丝让鲍勃在下午 1 点整，她开车经过他家时向他招手，才向窗外看，也是没有意义的。只有获得她的整个行程，鲍勃将能计算出爱丽丝的行驶速度，从而计算出爱丽丝的时钟相对于他的时钟的运行慢多少，因此，根据他的时钟，她什么时候

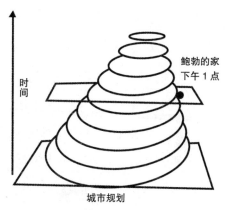

图 4.5 爱丽丝环城之旅。爱丽丝不能把下午 1 点切片给鲍勃，并期待他在等她，因为他们各自的历史意味着各自的时钟将不同步

将能**真正**经过。爱丽丝的行程切片，对她来说是完全合理的，不能从她的整个行程中拿出来交给鲍勃，期望这些信息本身对他有用（图 4.5）。

　　为了概括四维几何是如何成为物理学难题的解决方案，从而成为对客观实在（objective reality）的一种描述，我们必须首先记住，迈克耳孙和莫雷没有找到以太的任何证据。洛伦兹和斐兹杰惹认为，这是因为物体在他们运动的方向上收缩。庞加莱发现了一个更令人满意的全局解，在四维空间中旋转事件图以生成洛伦兹变换，在此过程中，他发明了四维不变时空对象。爱因斯坦假设不存在绝对静止的位置，无论发射器的位置或速度如何，光速都是恒定的，因此他得出结论，事件只是相对同时的。爱因斯坦随后展示了，如何使时钟变慢、刚性杆收缩与其速度成正比。闵可夫斯基则把庞加莱的四维几何同爱因斯坦的变化时钟和刚性杆结合在一起，创造了相对论的几何图景。当空间的一种几何描述投影到另一种时，这些变换就昭然若揭。

　　评论者们老生常谈提到，闵可夫斯基建立了一个空间和时间合为一体的四维矩阵。尽管闵可夫斯基的工作给了四维几何以客观实在的地位，但这不等于说四维几何的刚性切片模型给出了客观实在。事实上，闵可夫斯基明确拒绝切片模型，认为它过时了，它不可信；相反，在相对论性的情况下，他更倾向于在空间和时间之间建立一种更加灵动的关系。四维的切片模型，靠牛顿物理学、超空间哲学和科幻小说，而不是新的相对论物理学融入文化。如果闵可夫斯基提到切片模型，它只是作为非专业读者的参引。在大众的想象中，切片模型仍然是关于四维几何和时空的唯一现实，这证明了超空间哲学家们多么强大，文化对结构直觉这种空间本性如此之深的改变总体而言又多么迟缓。

间奏曲

第5章　射影几何速成课

以艺术家的视角，平行线汇合到灭点（vanishing point），一个灭点、两个灭点、三个灭点透视系统由文艺复兴时期的画家们所充分发展。正是德国天文学家约翰尼斯·开普勒（Johanner Kepler，1571—1630）首次提出，这些灭点被认为是无穷远点（points at infinity），并将这些点包括在古希腊人传下来的几何学中。也许只有天文学家才能提出这样的建议，因为古希腊的几何学根植于建筑、农田和道路等基于陆地的问题；没有关于地点或空间的规定，人们无法想象如何衡量自己。但是，就像那个新系统的早期学生所理解的那样，在公理和定理的范围内放置无穷远点，就将几何从测量系统变成了单独的关联系统：点（每一个点，甚至无穷远点）位于直线上，两点界定一条直线，直线的交点定义一个点。无穷远点同任何其他点一样都是点，既然如此，就有给出它们的数字值的问题，例如，当中间的点是无穷大的时候，排序一系列的点。如果没有数字秩序，那么任何特定的线段、距离、角度或全等都不可能是这个几何学的自然部分。然而，这种看似稀疏的几何图形的蕴涵是优雅的、惊人丰富的。

综合射影几何学

在写一本关于透视的书时，来自莱昂的建筑师热拉尔·德萨格 (Gérard Desargues，1593—1662) 在他的几何学中也包括了无穷远点，作为平行线的交会点，并发现了射影几何的一个基本定理：若两个三角形的顶点可以与三条直线相连，则这两个三角形就是**从一个点透视**的。另外，若两个三角形的三边可以被延长，使这些延长的边在同一条直线上交会，则这两个三角形被称为**从一条直线透视**（图 5.1）。德萨格定理（Desargues's theorem）指出，这两种透视是对偶的：若第一种情况成立，则第二种情况也成立。这是一种微妙的想法，并非一目了然，它用透视法把某一特定物体的变形画法推广成一整类物体的渐进式变形的问题，进而在这一大类变形中找到了隐对称性（hidden symmetry）。换句话说，把这两个三角形看作三棱镜的斜切片：任何两个这样的斜切片都会有边，当延长时，则在一条直线上交会。

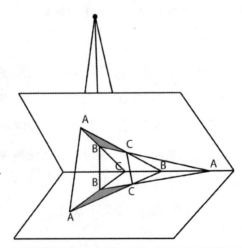

图 5.1   德萨格定理。随着褶皱的打开和关闭，两个阴影三角形保持彼此的投影，其边的延长仍然在一条直线上相交。改编自 Fishback（1962）

在德萨格定理中，关于点（顶点）的陈述交换成关于直线（棱）的陈述，从而确立了射影几何中对偶论（dualism）的基本特征。一个人能说出关于点的每一件事，都可以用它关于直线的每一件事来代替，反之亦然。但在1822年，维克多·彭赛列在《论图形的射影性质》中为自己声称了这一发现，被认为是第一本真正的射影几何著作（主要是彭赛列作为拿破仑战争的战俘在俄国被囚禁期间写就的）。无论如何，彭赛列都是第一个充分发展射影对偶性（projective duality）思想的人。彭赛列发现，这种对偶论在维度上下回荡：在二维空间中点到直线，在三维空间中点到平面，在四维空间中点到空间。

透视性（perspectivity）将一条直线上的**点列**（一种初始的任意选择）与另一条直线上的点列相关联，方法是画一个**线束**（从某一点出发的一组直线），将这些透视点——熟悉的单点艺术家的视角——连在一起。射影变换（projectivity）是由许多透视性决定的：例如，从两个不同的点投影出的两条直线上的两个点列，都投影到第三条直线上的同一点列。（即想象一下从目标上弹出的点束，在第二点会聚；图5.2。）

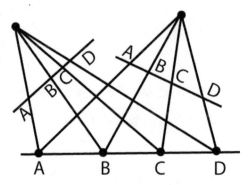

图 5.2 射影变换将多个投影中的点列联系起来

通过这样一系列的射影变换，射影直线可以投影到它自身：至多两个点保持不变（称为双曲投影），或者一个点保持不变（抛物投影），或者没有一个点保持不变（椭圆投影）。一条直线对自己的射影变换将两点互换，被称为对合（involution）：若射影线被建模为一个圆，则这相当于从圆中的不同的点出发，然后沿着不同的方向前进，求该点列的有序序列（图 5.3）。

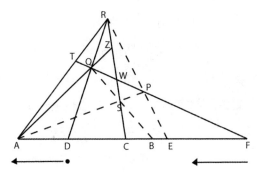

图 5.3　通过添加额外的点 T、Z 和 W，可以将一条直线投影回其自身，从而将射影变换 ADCF 变换为 DAFC。改编自 Coxeter（1961）

解析射影几何

交比（cross ratio）开启了射影几何的解析研究（与由没有标度的尺组成的几何学的综合处理相对）。交比由德萨格所知，由彭赛列强调和发展而成，它是由射影直线上的四个点的坐标导出的一个数字。若射影直线上的四个位置标记为 a、b、c 和 d，且这些数字之间的距离为 $a-c$、$a-d$ 等，则交比定义如下：

$$交比 = \frac{a-c}{a-d} \times \frac{b-d}{b-c}$$

由于交比使用编号坐标，它似乎是一个测量系统，但值得注意的是，无论使用哪个坐标系，交比都是相同的；因为它与背景无关。事实上，有两种方法来安排交比，两者都起作用。对于任一计算，点 (x, y) 与点 $n(x, y)$ 相同，交比的结果是一个无量纲数。此外，在射影变换下，交比是守恒的。

卡尔·乔治·克里斯蒂安·冯·施陶特（Karl George Christian von Staudt，1798—1867）被这一学科的许多学者认为对使射影几何成为独立的数学贡献尤巨。他的方法，他称之为**投射**（throw），利用交比的性质，产生一个有序的点序列：这些都是序数点，根本不依赖于任何潜在的度量系统，甚至一个短暂的、相对的系统（图5.4）。后来的工作证明，以这种方式生成的直线可被认为是连续的。

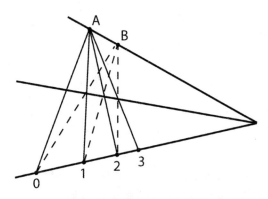

图5.4 施陶特的投射在射影线上构造了一系列的点

奥古斯特·莫比乌斯（于1827年）和朱利叶斯·普吕克（于1830年）发明了齐次坐标（homogeneous coordinates）；然而，1871年，菲利克斯·克莱因把这一想法带入了辉煌。这样的坐标系保持了交比不变所需的背景独立性，且允许在无穷远点进入数字的坐标系，而不存在悖谬。平面上的所有射影点都标记为三元数 (x, y, z)，只要它们不都为零，就可以把齐次坐标（在这个例子中，一个三元数）变换为普通的欧几里得坐标，使得每一个 $X=X/Z$，每一个 $Y=Y/Z$（例如，若 Z 为 1，则 $X=X$ 和 $Y=Y$；图 5.5）。更普遍地说，在三维空间中，直线上的点具有三个坐标。因为它们在一条直线上，头两个坐标除以第三个坐标在每种情况下都表示相同的两个数字。这两个数字，可以看作三维空间中位置 1 处二维平面上的坐标。若点 (x, y, z) 有 $z=0$，则它是理想的无穷远点，但它被以与任何其他点相同的方式和相同的坐标系来处理。

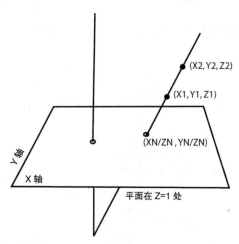

图 5.5　齐次坐标与投影有关。射影点是高维空间中的直线。改编自 Klein（1908）

从投影到射影

克莱因指出，齐次坐标允许从编号和度量中抽象出比交比更抽象的解析射影几何。凭借齐次坐标，射影几何成为一种强大的分析工具，在当代几何学家心目中常常与空间投影脱节。然而，射影（projective）和投影（projection）之间总存在一种关系。为了给出一个具体的例子，欧几里得点（3，-2）是平面上的一个点。若这一点被标记为射影点，则它的齐次坐标为（3，-2，1）或（6，-4，2）。因此，射影点是高维中的（非射影）直线。有时，数学家会将数据投影成一种将数学对象降到更易于处理的维数，又保留足够的有用信息供研究的方法。相反的方法也是有用的：由射影齐次坐标描述的系统可以扩展到更高的维数，从而充分揭示它们的性质。

射影平面的拓扑学

克莱因在《数学在 19 世纪的发展》中指出，从 1861 年开始，他"立刻掌握了"射影几何和新的非欧几何之间的联系，但他却一再被告知"二者属于完全不同的互相分离的思想领域"。① 经过十年的激烈辩论，他的同事们终于把其论点集中在以下事实：在球面上的非欧几何中，直线相交两次，而不是一次。克莱因反驳说："这个例子表明，在曲面上解释任意度量几何学时，一定要把该曲面的连通性考虑进去。射影平面有着不寻常的连通性，而与球面本质不同；前者是一个单侧曲面，像莫比乌斯带那样，只不过它是封闭的。"② （Klein 1926，141—142 页）平行线在右无穷远点相交，并不排除这些平行线在左无穷远点相交。但是，根据射影几何最基本的公理和定义，平行线只相交一次。因此，正如克莱因所解释的，这两个遥远的点必须是同一点，若射影平面是一个封闭的表面，则会是这样的情况。它是一个与二维球

---

① 《数学在 19 世纪的发展》（第一卷），124 页。
② 同上，126 页。

面相同的表面，其对径点（antipodal points）是等同的（合在一起）；因此，每一个圆周都是一个莫比乌斯带。这样的表面嵌入四维空间中，如十字帽模型（cross-cap model），一个上半球被显示向其自身折叠的球面（图5.6）。

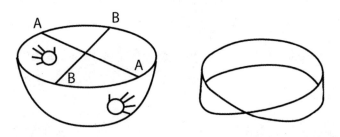

图5.6 射影平面。球面的对径点被识别，将每个直径转化为莫比乌斯带

射影直线通常用圆来表示；这样的表示假定，左无穷远和右无穷远是一回事，而无穷远只是直线上的另一个点。绕圆顺时针方向还是逆时针方向走，是有明显区别的。从圆顶部顺时针方向运动，右手保持右手；左转，左手保持左手；这条直线被认为是**可定向的**（orientable）。然而，看穿透明的球体，右手的轮廓似乎是左手，如果球面上的这两个对径位置被认为是同一点，射影平面就会被认为是不可定向的（unorientable）。从拓扑学上讲，射影平面是一个莫比乌斯带，带内有一个圆盘，故这个带就变成了一个封闭的球状对象；一个人需要绕带两圈才能回到其开始出发的地方，因为其几何构造中内置了一个扭转（图5.6）。

射影平面及其相关的变形，一直是拓扑学家们喜欢的课题。今天，它的投影是由托马斯·班乔夫（Thomas Banchof）、杰弗里·威克斯（Jeffrey Weeks）、乔治·弗朗西斯（George Francis）和其他数学家使用计算机生成的机械制图加以研究。

复射影直线

复射影直线是以复数为齐次坐标的射影直线。所谓复（数），即形为 $a=x+y\mathrm{i}$ 的坐标，这条直线在二维空间中被建模为平面。通常实部（x）在水平轴上，虚部（$y\mathrm{i}$）在垂直轴上。所谓射影，即它有且只有一个无穷远点。因此，平面卷起为一个被称为黎曼球面（Riemann sphere）的球面，通常用北极标记为无穷远点（图 5.7）。

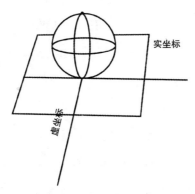

图 5.7 黎曼球面。添加一个无穷远点，将实坐标和虚坐标平面卷成一个球面

射影三维空间

射影三维空间，是难以捉摸、难以具体想象的。但科克塞特提醒我们，"若忽略考虑度量思想，则椭圆（球面）几何与真实射影几何是一回事"（Coxeter 1942，15 页）。因此，要想象射影三维空间，我们必须用特殊的方式以其等同的点来想象实心球："射影平面可被认为是一个与相反的边界点粘在一起的圆盘；我们可把射影三维空间想象成

一个与相反的边界点粘在一起的实心球。"（Weeks 1985，213 页）"对于一个给定的实心球，它里面和它外面都存在空间。没有实心球的空间包含一个与球中的一点对径的点，球的表面则通过对径等同来鉴别，这个表面可被认为是射影平面。"（四维拓扑学家斯科特·卡特给笔者的电子邮件，2005 年）

当想到这种方式时，就能够看到越过边界（通过它一次）倒转左、右，亦倒转上、下。威克斯指出，"射影平面是不可定向的：当一个'平面国人'穿过'接缝'时，他会倒转左右回来。另一方面，射影三维空间是可定向的。当你穿过'接缝'时，你会倒转左右，且倒转上下。实际上，你得到了两种方式的镜像倒转，所以你回到原来的自己！唯一的区别是你被旋转了 180 度"[1]（Weeks 1985，213 页）。

卡特对足球的类比，进一步解释了射影三维空间的本质：

　　　　三维空间的旋转，可以用一个在其轴上旋转的足球来考虑。旋转的轴和旋转的角度，即旋转的量，定义新方向。在射影三维空间中，类似的方法可以定义一个点。它是从实心球（而不是空心足球）通过认同球的边界上的径向相反点，来确定球内部的一条直线（作为旋转轴）。旋转角度（180 度的分数）确定了球内的半径。在给定半径深度处的这条直线上的点，相当于射影三维空间中的点。180 度的旋转相当于 −180 度的旋转，因此在球表面上的径向相反点被等同，因为它们确定了相同的旋转。球的表面，连同其等同的径向相反点被识别，就是在三维空间的旋转集合内

---

[1]威克斯的《空间的形状》这本书，就是从《平面国》讲起的。

第5章 射影几何速成课

的射影平面。(给笔者的电子邮件，2005 年)

透视（perspective）、投影（projection）、射影变换（projectivity）、射影（projective）——从特定场景到较小空间中对象（任意维）的广义描述，到分析不断变化的空间中的常量关系，再到独立于任何背景度量描述的内聚结构。

作为一种防范"逻辑上无懈可击的立场"的保障，克莱因却未能提供"足够的洞察"，"没有一个真正的几何学家会满足于此：对于他来说，他的科学，即几何学的魅力和价值就是能够看得见他所想的东西"[①]（Klein 1926，125 页）。这句话应该写在每一张射影几何学家的会员卡上，作为对射影几何起源的提醒。

---

① 《数学在 19 世纪的发展》（第一卷），111 页。

101

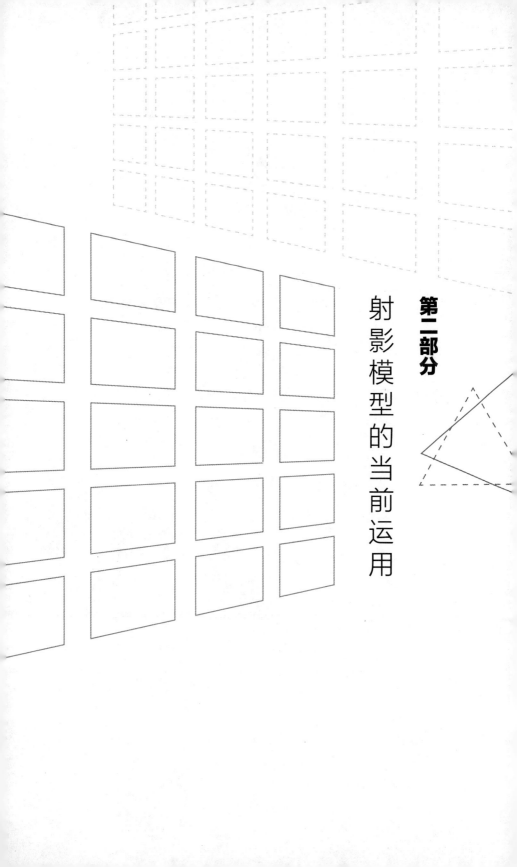

第二部分

射影模型的当前运用

第6章　模式、晶体与投影

　　三万年来，人类一直在制作模式（图案）。我们将模式嵌入我们实际做的每件东西上。在《秩序感》一书[①]中，艺术史学家恩斯特·贡布里希（Ernst Gombrich）认为，这是因为模式是人类思维方式的基础：形成模式的倾向，是在右脑中形成的。这些年来，**模式**（pattern）意味着一个有规律重复的母题。织布机的机械作用是周期性的重复，就像在壁纸上印刷图案的滚筒，尽管人类图案早于这些技术。但是在1964年，罗伯特·伯杰（Robert Berger）发现，人们可以用两万块不同形状的瓷砖做一个图案，这些瓷砖恰好完全覆盖了一个表面，却没有重复。此种探索开始发现用越来越少的瓷砖形状得出不重复的图案。到了1974年，罗杰·彭罗斯（Roger Penrose）仅用两种形状创造了一种不重复的图案，他称之为风筝和飞镖；后来，他用两种不同的形状（胖菱形和瘦菱形）做了同样的事情（图6.1）。风筝和飞镖组，以及胖菱形和瘦菱形组，都可以组装成一个规则的重复模式或非重复模式。瓷砖边上面的标记是必需的（称为局部匹配规则），这些标记可以判断哪个并置（juxtapositions）产生非周期模式，因此是"合法的"（图6.2）。彭罗斯的方法是一种试错法：使用他为非重复模式发现的匹配

---

① 《秩序感——装饰艺术的心理学研究》，贡布里希著，范景中等译，湖南科学技术出版社1999年版。

规则将瓷砖拼砌在一起，若在没有合法的瓷砖可以拼装的情况下出现麻烦，则拆一些瓷砖，试试别的。虽然这些图案显然不是规则的，但它们也不是碎布缝成的被单：只需要两种类型的瓷砖。它们是准规则的晶态结构——准晶（quasicrystals）。

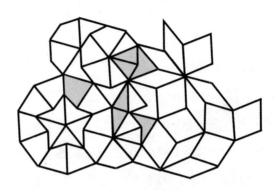

图 6.1 飞镖和风筝过渡到胖菱形和瘦菱形。这幅图表明，这两组瓷砖形状实际上是一样的。通过用线条装饰一组瓷砖，构造出另一组非重复的瓷砖图案。三角形不是分开的瓷砖，而是两种图案重叠时创建的形状。改编自 Senechal（2004）

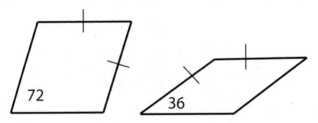

图 6.2 匹配规则。如果胖菱形和瘦菱形按照标记对标记被组装，图案将不再重复。然而，不能保证使用局部匹配规则不会导致僵局

隐居数学家罗伯特·安曼（Robert Amman）与彭罗斯各自独立工作，发现这些瓷砖可以用线段装饰，如果组装得当，这些线段是连续的（图 6.3 和 6.4；专栏 6.1）。这些线也用作局部匹配规则。不幸的是，这些规则也并非万无一失，且会发生这样的情况：必须取消合法

步骤，放置另一块瓷砖，也是一种合法的选择，这样拼砌（tiling）才能取得进展。尽管如此，安曼线（安曼杆）还是有用的：它们更多地讲述了看似随机模式中的隐结构（hidden structure）。在这里显示的一组拼砌，有五组平行线，显示了长程序（long-range order）：虽然图案是不重复的，但瓷砖的所有边都排列在这五个方向之一。最初，安曼杆是等距的，但后来它们被隔开在宽缝隙和窄缝隙中，其尺寸与**黄金分割比**（golden ratio）的尺寸相匹配。整个的宽缝隙和窄缝隙级数是**斐波那契级数**（Fibonacci series）。[1] 安曼杆显示，曾经被认为是随机的试错模式，确实具有一种微妙的全局结构。

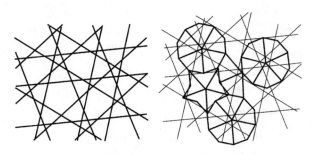

图6.3　安曼建立了他的飞镖和风筝图案，节点放置在他的杆之间的空间。改编自 Senechal（2004）

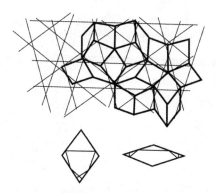

图6.4　胖菱形和瘦菱形可被装饰，以产生安曼杆。改编自 Janot（1994）

专栏 6.1　罗伯特·安曼

数学家塞尼查尔（Marjorie Senechal），准晶专家，在《神秘的安曼先生》一文（2004 年）中讲述了罗伯特·安曼（Robert Amman）这个奇异而悲伤的故事。作为少数几个曾经见到过他的数学家之一，当然也是唯一一个请他吃饭的数学家，她非常适合讲述他的故事。罗伯特·安曼，生于 1946 年，幼年就显出了天赋异禀的迹象。他三岁时就能读字，做加、减法。他还表现出了困扰他一生的精神问题的迹象：四岁时，他停止说话；后来渐渐地，他才再次学会说话。在同学们的纠缠下，安曼被愤怒的老师忽视，度过了一个孤独的童年，他计算着金门桥上的压力，而他的同学们却在与分数搏斗。他年轻时的一个亮点似乎是邮局，安曼在那里花了几个小时看地图和背诵州首府，而他的母亲则去购物。塞尼查尔总结了他与高等院校的联系："麻省理工学院和哈佛大学邀请他申请，但面试后拒了他。布兰迪斯大学录取了他。他报名注册了，但很少离开宿舍，成绩又很差。三年后，布兰迪斯要求他离校。"安曼以一名工业计算机程序员为生，后来，当这种情况没有得到解决时，他成了他所钟爱的美国邮政局的一名雇员。

安曼与数学界的第一次接触，是以与科学作家马丁·加德纳（Martin Gardner）通信的形式进行的。加德纳在 1976 年报道过彭罗斯的非凡瓷砖。加德纳给这一领域的专家寄去了安曼的信件和图画，这些专家立即看出了作者的独创性和数学深度。安曼独立发现了彭罗斯发现的由胖菱形和瘦菱形组成的准晶。他发现了只能容纳有限数量的行的瓷砖，不重复的方块和菱形块拼砌，非周期地填充三维空间的四个板块，以及其他的感兴趣项目。

但是，安曼的长期贡献是他发现了安曼杆（现在如此命名），即贯穿于构成二维准晶匹配规则基础的拼砌花样的连续线：每种瓷砖都"装潢"成同样方式，如同在组装瓷砖时，装饰品会形成连续的直线（安曼杆）。安曼看出了这些杆在准晶中形成了隐结构。

安曼被称为视觉数学的先驱。虽然他从来没有写过一个证明，但安曼绘画中的数学洞察力和原创内容是显而易见的。不幸的是，由于精神疾病，安曼的人格解体，最终导致他丧命。罗伯特·安曼于 1994 年 5 月死于心脏病，享年 47 岁。

长期以来，人们一直认为不可能存在由五边形组成的瓷砖，即不可能存在具有五次旋转对称性（也就是说，当旋转72度时，图案将保持不变）的拼砌。正方形可以拼砌一个平面，因为四个正方形的90度角正好围绕一个点形成完整的360度；把正方形图案转90度，形成一个与原来相同的图案。等边三角形也可以拼砌一个平面，因为它们的六个60度角加起来等于360度；将该图案旋转六分之一的圆圈，则使图案保持不变。但是，构成五边形的角是108度，要加到360度，三个太少，四个则太多。虽然安曼和彭罗斯的图案不包括五边形，但其他五次对称的图形，如五角星和十边形，确实出现在图案中。此外，那些图案本身也具有一种五次对称性，因为图案旋转72度后，所有菱形的所有边仍沿安曼杆的五轴之一排成行。

安曼发现了其他装饰瓷砖的方法——彭罗斯也如法炮制——组装后的瓷砖将呈现出一种与原图案相似的画线图案，也不重复，但规模较小。较小的单位可以"扩充"，此过程再次开始，这样就可以形成任意大的非重复模式（图6.5、图6.6）。

彭罗斯和安曼分别宣布他们的非周期模式（aperiodic patterns）的三年后，荷兰数学家尼古拉斯·德布罗金（Nicolaas de Bruijn）发现了一种万无一失的方法，用来构造原本看来只有一个即兴的、纹丝合缝的组装。[2]一系列重复的步骤，首次导致了一个完美的非重复模式（nonrepeating pattern）。德布罗金的方法是一种通用的方法，可以应用于二维彭罗斯模式、它们的三维类似物以及更大类不同形状瓷砖的二维非重复图案。由于它是一种算法（数学步骤的逻辑序列），这种方法可以在计算机上自动进行。一些研究人员编写了这样的程序，于是对准晶的研究迅速传播开来。

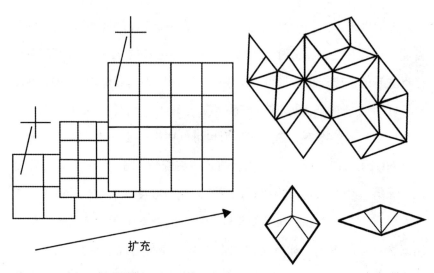

图 6.5　扩充。瓷砖可被装饰，以便在组装时可以看到一个自相似的图案（self-similar pattern）。将图案的元素放大，使其大小等于瓷砖的大小时，就可以重复这个过程来创建一个任意大的图案

图 6.6　胖菱形和瘦菱形的准晶扩充装饰

　　德布罗金的第一种算法，**投影法**（projection method），使用了高维空间的投影。德布罗金如何使概念上的飞跃成为从高维寻找投影算法所必需的，从未得到充分的解释；德布罗金给出了好几个不同的说明。然而，基本的概念是，准晶开始于特定维（四维立方体或五维立方体等）中的正立方体的堆栈（即晶格）。一般来说，一个人需要一个堆栈，是最终准晶维数的两倍；例如，要以三维彭罗斯拼砌（Penrose tiling）结束，你需要从六维立方体堆栈开始。对这个晶格的顶点进行数学检验，保留那些通过的顶点，使其成为最终准晶的顶点；其余的顶点则被忽略。然后，被选择的顶点以一个特殊角度投影到最终的低维空间。令人惊讶的是，当用等长的线连接起来时，这些顶点就变成了一个完美准晶的节点。

　　德布罗金还发明了第二种算法，**对偶法**（dual method），用于识别模式的对偶（即底层）网。对偶网是一种数学装置，常用于分析模式。早些时候，德布罗金自己发现了安曼杆，称它们为"五格栅"（pentagrids），并意识到这是胖菱形和瘦菱形镶嵌的对偶结构。利用对偶法，建立了一个星矢。在二维情况下，由这种星矢组成的对偶网是通过画许多与每一条星矢相垂直的线来构造的。对偶网的每个节点，将是准晶的一个原胞的位置。接下来，诸多星矢的一些组合被传送到每个对偶位置，由此构建一个原胞。这个算法一个原胞接着一个原胞继续进行，直到最终——似乎鬼使神差——所有的空间都被准晶原胞（quasicrystal cells）正好填满。

　　这两种德布罗金方法实际上是同一种方法，是相同步骤的数学上等价的重排顺序。两种方法都涉及两个步骤——选择和投影到原维数一半的空间，即 $N/2$ 维空间。这些方法在采取这些步骤的顺序上有所不同。投影法首先选择晶格的某些节点，然后将选取的节点以黄金分割角（golden ratio angle）投影到 $N/2$ 维空间。但是，如果一个六维立方晶格的节点被如此投影，它的射线就会是在开始了三维对偶法的十二面体中找到的同样的星矢。因此，对偶法以与投影法相反的顺序起作用，首先投影到 $N/2$ 维空间，然后为准晶选择多个（曾经为立方体）原胞中的一些原胞（专栏 6.2）。

　　如果一个人愿意放弃五次对称性，放弃只有两个单位瓷砖或板块的要求（我认为这是准晶具有特殊魔力的特征），投影法就可以推广到产生更多的模式。例如，将七维立方体投影到二维，将导致使用三个菱形的拼砌。投影算法中使用的任何不合理的切片角都会产生非周期拼砌（aperiodic tiling），任何合理的角度都会产生周期镶嵌（periodic

专栏 6.2   德布罗金算法

1980 年，德布罗金发现了一种将无理数数字的非重复数列转换为几何非重复模式的方法。他的方法，被称为投影法，使用无理数作为一条线的斜率：y 的变化除以 x 的变化（也就是定义斜坡的梯级上升的坡度）。这个构造是一个富有想象力的飞跃，因为它把几何比率描绘成一个靠定义不能是数字比率的数字（也就是像 π [3.1416…] 或 τ [1.6180…] 之类的数字，与也可以表示为 1/3 的 0.3333… 不同，它没有重复的数字序列）。这项方法涉及一个维度提升，在一维线上的剖分是通过将该线放置在二维格栅中来定义的。然而，它提供了"代数理论"，从而提供了一种生成非重复拼砌的算法（图 6.7）。

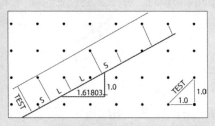

图 6.7 德布罗金投影法应用于二维格栅，生成一条直线的准晶剖分

如果需要二维准晶，通常会构造出五维超立方体的填装。当对称地投射到平面上时，五维超立方体自然导致了安曼杆的五次集合。（也可以使用四维立方体的镶嵌，对开始维、结束维保持"两次"规则，但在四维情况下，晶格不是立方晶格。）然后，这个格栅被一个平面分割；在五次对称的非重复模式情形下，斜率为黄金分割比 1:（1+$\sqrt{5}$）/2。

图 6.8 德布罗金投影法应用于超立方体格栅，生成彭罗斯拼砌。这里只显示了一个超立方体

然后构造一个垂直于此的新平面，并在其上画出几何图形。原超立方晶格的各点首先投影到第二平面，以确定它们是否适合在这个"门"内。它们若不适合，则将被忽略，但若适合，则将被保留。当投影在原来的平分面，这些选定的点就是天衣无缝的彭罗斯镶嵌的节点（图6.8）。通过每个相等长度的成员，可以连接所有的节点，产生胖菱形和瘦菱形的图案，其锐角分别为72度和36度。它们恰好一次填满该平面（也就是说，没有重叠，没有空隙）。产生的图案具有一种旋转对称性（rotational symmetry），它可以围绕任意节点旋转72度，虽然图案不相同，但所有菱形的所有边仍将排列成原来的五条视线中的一条。该模式的某些部分将形成重复的子组件，如十边形，但它们不会以规则间隔重复。此外，这些子模式可以任意大小；它们总是在无限模式的某个地方重复。

为了用这种方法生成三维准晶，首先创建六维立方晶格，然后用一个超平面（即三维空间）切片。此门是二十四面体。可以投影到此门内部的点于是投影成三维超平面，以黄金分割比的角度切割六维晶格；当以等长线连接时，它们形成呈非重复的空间填充模式镶嵌的三维原胞。二维准晶的所有性质也是三维准晶的性质，而且随着该结构的旋转，具有显著的二次、三次、五次对称性的多重性。

德布罗金的第二种算法，对偶法，是一种更好的算法，因为它能识别模式中更多的隐结构。这个算法首先定义了星矢：在三维情况下，这些星矢是从原点到十二面体各面中心的射线。诸平面是以单位间隔（其他间隔给出不同或不完美的准晶）与这些射线正交（即垂直）构造的。三个平面在空间的一个点相交，这个点可以用线性代数来发现——三个未知数和三个方程式。如果三个原始矢量被传送到该位置，且执行矢量加法，那么在该点处将构造胖菱形或瘦菱形（图6.9）。通过正交于所有轴的相交平面的所有组合中循

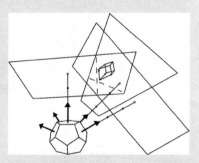

图6.9　三维的德布罗金对偶法。诸平面是垂直于星矢而构造的。三个平面在空间的一个点相交。在该点处，由三个矢量构造一个原胞

环，可以构造出镶嵌结构——没有缝隙，也没有交错原胞。但是，当这些斜平面中的四个、五个甚至六个在空间的某个点相交时，就会存在一些位置，在这些位置上将分别构造出菱形十二面体、菱形二十面体或菱形二十四面体。这些图形和黄金菱面体一起构成了四个黄金环带多面体（golden zonohedra），漂浮在三维准晶中。因此，这种方法可以识别模式（即晶格）的子组件的位置，从而说明在准晶中存在的更深、更复杂的结构。

在三维中，只有四个黄金环带多面体能被装饰和扩充，有些人认为这四个环带多面体应该被认为是三维准晶的基本构件。但是，这三个较大的图形由两个较小的单位原胞（unit cells）组成：菱体本身（通常称为胖三维原胞）和扁菱形六面体（瘦三维原胞）。这些较小的单位原胞，分别通过添加矢量（−1，τ，0；1，τ，0；0，1，τ）和（−τ，1，0；τ，1，0；0，τ，1）来构造，其中 τ 是黄金分割比。两个胖原胞与两个瘦原胞构成菱形十二面体；另外三个原胞加到菱形十二面体组成菱形二十面体，另外五个原胞加到菱形二十面体组成二十四面体。所有单位原胞的所有面都是全等的菱形，其锐角为 arccos（1/$\sqrt{5}$），约 63.44 度。令人吃惊的是，这两个小单位原胞，即有限对称的物体，皆由全等的面产生，它们又可以组装成更大的图形，严丝合缝地填充给定的空间（图 6.10）。

图 6.10 黄金环带多面体。较小的形状嵌套在较大的形状中。三维准晶是这些子组件的非重复模式

tessellation)。立方体可以升级到任何维度，所有这些 n 维立方体将在它们自己的空间中镶嵌，用这种方法可以建立的二维模式是无穷无尽的。

数学家们现在明白，有三种基本的方法来制作镶嵌。第一种是匹配规则系统（matching rules system）。在这里，识别单个单位原胞上的标记决定了放置瓷砖的下一步合法步骤；这些规则由逐一单个原胞到胞体都是局部实施的。重复模式的所有原始规则和对称类别，都可以看作局部匹配规则的示例。（例如，"向左移动并从上到下翻转"是一条适用于单位原胞的规则，因为它以平面的形式通过胞体。）通常假定，局部匹配规则描述实际的物理晶体自组装过程。问题在于准晶：对于准晶来说，局部匹配规则不是万无一失的，遵循这些规则有时需要撤销（undoing）和重做（redoing）。很难想象，当晶体生长时会形成电键、磁键或核键，然后，当陷入僵局时，它们会撤销，自行尝试另一个种子组装。然而，局部匹配规则的逻辑感召力继续推动着研究：一些人希望找到能够代表物理力的万无一失的局部匹配规则，但共识——包括王浩[①] 给出的数学证明——却对其不利。存在一些区域规则（regional rules），即在关注正在构造的顶点图形的同时应用局部规则(local rules)，或者关注同时生成的扩充模式（如德布罗金的自上而下法）。这些区域匹配规则大大提高了局部规则的效率，但也有偶尔的尴尬限制，或者需要一些幸运的初始选择。

第二种方法，模式可以由扩充（即现在更频繁地称呼，分层）产生。在这里，种子图案（seed pattern）是用一个自相似图案装饰的，

[①]王浩（1921—1995），美国华裔逻辑学家、哲学家、数学家。王浩多米诺骨牌猜想被伯杰证明不成立。
参见：《准晶体》，刘有延、傅秀军著，上海科技教育出版社 1999 年版，4 页。

然后它的大小就会膨胀，这个过程会重复发生。这样就可以形成任意大小的图案，包括二维或三维准晶模式。然而，分层似乎是特设的（ad hoc），它比局部匹配规则更少揭示了镶嵌的结构，以及它们对长程序的暗示。因此，分层的用途可能有限。

　　第三种基本方法是投影法，现在人们认识到，这种方法是三种方法中最普遍、信息最丰富、最可靠的方法。[3] 实际上，投影法如此强大，它已成为物理晶体的定义：当 X 射线轰击时，这些物体会产生具有明亮斑纹的衍射图样（diffraction patterns），这些峰的位置可用投影法直接计算。虽然某些模式可以通过所有三种方法来实现，但是有一大类模式只能通过投影才能完美地完成。这一方法的研究尚未结束，但它似乎提供了对图案化结构（patterned structures）的最深刻的理解，而且它是通过参考一个更高的维度来实现的。投影法，连同它所体现的哲学，将是德布罗金的遗产。

　　如果通过高维晶格的投影来生成和解释准晶，就提出了一个哲学问题：它们存在于现实生活之中。晶态结构（crystalline structures）具有以行和列排列的原子，有规则的周期性模式，其中相距很远的截面完全相同，且由某个公共距离的倍数隔开。当被准直束（例如 X 射线）照射时，光线在反射出这些原子行时会产生干涉，这些射线的波长有时会增加，有时会抵消，从而形成一种被称为布拉格峰（Bragg peaks）的尖峰和低谷的折射图样（refraction pattern）。[4] 布拉格峰已被充分研究，以提供有关晶态材料的信息。由于产生布拉格峰所需的长程序被认为仅来自周期结构，丹·谢赫特曼（Dan Schectman）于 1984 年辐照了某些合成铝锰合金样品，发现了五边形的五次对称性时，这是一次冲击。如前所述，五边形和它们的三维类似物，二十面体和十二面体，并不能无缝地填充空间，只留下很少的空隙，从而破坏衍射光束的相干性，破坏峰的锐度。谢赫特曼以各种不同的方式旋转样本，发现样本具有两次、三次和五次对称性，这取决于它们被辐照的方式，因此他得出结论，这些样本具有与二十面体（或其对偶，十二面体）相关联的对称性。固态物理学家们提出，在准晶中，即使每个原胞的排列方式并不完全相同，但安曼杆的行和列在整体上是规则的，足以产生所观察到的布拉格峰。这些样本都是准晶，这样一种共识逐渐形成了。

因此，人造金属合金似乎具有神奇的、量子的或拟人化的特性，即知道如何自组装成非常大、近乎完美的准晶，尽管没有证明任何局部规则是万无一失的。准晶似乎知道在远处发生了什么，换用更为夸张的说法，知道在远处将要发生什么，因为它们使用原子力、电磁力来组装自己，而这些力只能在局部起作用。但是，从德布罗金算法及其在DTU准晶中的清晰表现（专栏6.3）中我们可以看到，所有这些看似不合理的性质都是从高维几何到低维几何投影的直接、不可避免的结果。一旦人们接受了一种反直觉的观点，即准晶是高维空间中规则、周期、立方晶格的投影，那么所有其他反直觉的性质很快就会在一波清晰的理解中变得豁然开朗。

貌似令人困惑的谜团是：准晶单位原胞似乎知道遥远的其他单位原胞在做什么；它们知道如何将自己组装成永远镶嵌的群体；它们的边界——棱和面——都是全等的，这样它们就无缝拼接在一起；它们总是按照相同的轴排成行。但是在立方体堆栈中，这样的东西并不神秘。如果你知道堆栈中一个立方体的方向和大小，你就知道所有其他立方体的方向和大小。一个立方体将知道如何与另一个立方体相拼

专栏 6.3　DTU 准晶

　　在丹麦理工大学（DTU）的艺术、科学和技术中心，我做了一个大型的准晶雕塑，于 1994 年完成（图 6.11；图版 2）。我用德布罗金法编写了生成准晶的程序，使用这些程序设计了 DTU 准晶。这个雕塑大到足以检验它在建筑中的应用，它展示了准晶的所有主要特性，因为它是三维空间的非周期填充，具有五次对称性，以及不同尺度的自相似中间体组装的层次结构。DTU 准晶具有它所产生的性质，因为它是来自六维欧几里得空间的投影。想象一个准晶是从六维超立方体的规则填充中选择的原胞，然后投影到三维空间，所有这些都得到了解释。由于六价体生成晶格的每个顶点都受到投影的同样影响，所以节点都是在同一个方向上的十二面体。即使这是两个不同的胞体单位的非重复模式，晶格的节点都相同，它们排列成行和列，每一行和列皆面对相同的方向。把任何节点从盒子里拿出来，它就会在那个位置起

图 6.11　丹麦理工大学的准晶，在 2004 年被该大学拆毁之前。作者于 1994 年建造；由埃里克·赖泽尔（Erik Reitzel）设计。保尔·伊布·亨里克森（Poul Ib Henriksen）摄

作用，而不理会哪一种方式是向上的。由于同样的原因，准晶的所有菱形都
是全等的，而原胞彼此镶嵌，因为虽然投影会扭曲角度，但它完整无损保持
了拓扑连续性：这些原胞以前是邻原胞，故它们现在是邻原胞。每个原胞的
每个面都相同，就像在立方体堆栈中一样；为什么这些斜的、不对称的原胞
能严丝合缝地填充空间，这并不神秘。由于立方体总是可以堆叠成更大的立
方体，因此，准晶生长形成自相似的立体（黄金环带多面体）也就不足为奇
了。五次对称性由精确的投影角度引起，其中斜率是深陷于包括五边形在内
的所有五次结构中的黄金分割比。如果使用十二面体节点，五次对称性就是
不可避免的。

接；这些面都是相同的形状和大小。很清楚哪条路是向上的，而且交
互的角都是一样的。它们中的 27 个立方体形成了一个较大的（显然是
自相似的）立方体，而较大的立方体又可以嵌套在 64 个或 125 个立方
体中，这并不是一个谜。要将准晶看作非定域的，唯一需要的调整是指
出它们确实是更高维度的对象，即使以其较低维的投影受到体验。基于
这一观点，四维中的准晶可以用同样的数学方法加以研究（专栏 6.4）。

　　准晶现在是化学家和材料科学家研究的一个热门话题。你附近可能
很快就会有准晶。大批量生产的技术已经开发出来，有时是从单一的成
分，并通过可伸缩的程序。因此，现在制造了许多不同的准晶材料。它
们具有低摩擦力、高抗氧化性和与二氧化硅相当的硬度等特性，适合于
涂层和表面。不难想象，这些特性如何由原子的模式产生：用纬纱和经
纱的平纹织成的棉布开始裂开，且很容易继续绽线。不重复的模式不
会以这种方式"运行"。一旦被认为是流体的数学模型，当应用于建筑
时，准晶会具有奇特的结构特性，无论是作为节点加杆结构，还是作
为板状结构，都可以用来获得叹为观止的视觉效果（图 6.12）。

专栏　6.4　四维准晶的案例

存在一个具有五次对称性的单位原胞的自然进展。德布罗金投影法提供一维准晶，其中单位原胞是两条线段，其长度呈黄金分割比 $\tau:1$。在二维中，用这种方法产生的菱形单位原胞具有相同的边（即基），但其高度呈黄金分割比，故其面积呈黄金分割比。三维准晶的胖块和瘦块具有相同的基，它们的高度呈黄金分割比，故体积也呈黄金分割比。投影法和对偶法都可以应用于高维；例如，用四维超平面（hyperplane）分割一个立方体八维格栅，使由斜超立方体块组成的四维准晶成为单位原胞，其超体积（hypervolumes）将呈黄金分割比。菲特·埃尔瑟（Viet Elser）和内德·斯隆（Ned Sloane）写了一篇论文，定义了这种结构所需的投影矩阵。下一次高维提升存在一个难题，因为该方法中使用的基本数学门（essential mathematical gate）二十四面体的类似物在四维（半正七百二十胞体）中确实存在，但在更大的维度中并不存在。

德布罗金的对偶法从星矢开始，这些星矢可以用来构造单位原胞。二维准晶的星矢是通过将星矢从中心取到五边形的顶点，每次两个，然后进行矢量加法。只有两个瓷砖（胖菱形和瘦菱形）是这样做的。在三维中，使用与十二面体的各面正交的矢量，无论选择哪三条（非共线性）射线，只生成胖块和瘦块。在四维中，由 {3, 3, 5} 可以导出星矢，这是具有五次对称性的四维图形之一。这个图形被科克塞特（Coxeter）等人描述为四维二十面体，具有 600 个由 120 个顶点组成的原胞。从原点到任意四个顶点的矢量将是星矢，当它们相加在一起形成超立方体时，将使超立方体类似于三维准晶的胖原胞和瘦原胞。

如果这些超立方单位原胞真的类似于三维单位原胞，我们就可以推断出关于它们的东西。如前所述，三维原胞的体积比为 $\tau:1$，因为这两个原胞的各面都是全等的，胖块和瘦块的高度分别是 τ 和 1。然而，通过求出星矢的行列式来计算三维原胞的体积可能要容易一些，每次取 3 个，以验证它们的体积比。我们现在可以预测，我们的两个候选超立方单位原胞的四维高度和四维体积也将是 $\tau:1$ 的比例。我编写了一个计算机程序，通过四维行列式计算四个矢量的合法选择的超体积。该程序给出了多个体积，而不仅仅是两个体积，但有趣的是，这个数列呈现黄金分割比，所以必须放弃只有两个斜超立方体的四维模式的想法。

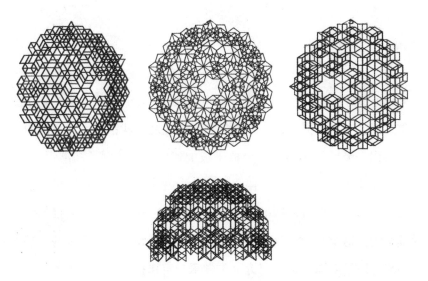

图 6.12　准晶穹顶（见底部）立面图的三次对称性、五次对称性和二次对称性

然而，随着准晶的普及，人们希望它们不会变成老生常谈。不管它们的用途如何，准晶的价值将留在它们提出的哲学问题和提供的答案中。准晶向我们表明，射影几何描述的对象和系统，如果不将最神秘和拟人化的性质引入系统中，就不可能成为欧几里得的对象和系统。将由射影几何生成或精确建模的东西变成一个传统的欧几里得静态模型，则使我们远离科学，将我们推向拜物教。

第 7 章　扭量和投影

　　空间真的是由无量纲点（dimensionless points）组成的吗？高中数学和常识说它是，但有另一种数学和常识说之前就错了。为了说明常识的谬误，爱因斯坦举了一个椅子被推到舞台上的例子。常识认为，推力移动椅子，因为当推力停止时，椅子就停止。原因和结果再清楚不过了。但是，你可以猛推一把椅子，这样它就会在没有人推的时候继续移动。这个小小的反例，给常识带来了难题。对此反例的长期考虑最终导致了对摩擦力的研究（牛顿第一定律指出，运动中的物体继续运动直到停止），这导致了对行星围绕太阳的运动的理解。物理学家罗杰·彭罗斯也以类似的方式关注了直线有时是点这一表观佯谬。围绕这一佯谬的研究，他得出了一个全新的空间概念，并有希望将物理学各个独立的、看似不可调和的分支统一起来。

　　在开始考察彭罗斯佯谬（Penrose's paradox）前，请先考虑**光锥**（light cone），它是所有聚集在时间和空间点上的光的一部分。此外，在当前时刻，光的闪光从一个特定的位置扩展，而作为向外传播的光线的前缘的球面形成了光锥的上半部。因为很难想象四维图形，所以惯例是把光锥画成双尖纸帽，其中的圆圈代表光的球面，两条边代表光的时间流逝的历史。对于许多讨论点，在较低维度情况下的推理与在较高维度的情况下的推理是相同的，且绘图更容易。"夹点"表示空间中某一特定位置的当前时刻。沿着光锥的垂直时间轴传播，就是在时间流逝时停留在原地；沿水平轴传播是随时随地，以无限的速度运动。这些轴可以校准，这样垂直轴上的一个滴答等于 1 秒，而水平轴上的一个滴答等于 300,000 米。通过这种校准，在 45 度对角线上运动就是以光速传播（图 7.1）。

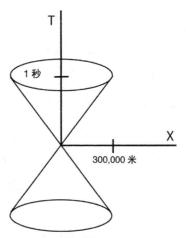

图 7.1 光锥。对轴进行校准，使光速以 45 度线表示

因为面朝下的光锥是由所有在特定时刻特定位置聚集在一起的光线组成的，所以观察者在这个夹点所能知道的就是锥内的信息。在内部，慢于光速的光线就可以到达观察者；在外部，光线或信息的传播速度必须比光速更快才能到达观察者，这是不可能的。因此，面朝下

图 7.2 面朝下的光锥描绘了因果过去。因果过去以外的事件，不会影响那个夹点（即在那个位置的当前时刻）

的光锥代表因果过去。同理，面朝上的光锥从那时起就描述了在那个地方因果未来的所有可能性。光锥表面则代表恰好以光速行进的光线或信息（图 7.2）。[1]

　　彭罗斯指出，这类光锥图产生一个佯谬："点 Q 坐标 t, x, y, z 距原点的**闵可夫斯基距离** OQ，由 $OQ^2=t^2-x^2-y^2-z^2$ 给出。注意，如果 O 位于 O 的光锥上，则 $OQ^2=0$。"（Penrose 1978，111 页）光子（光被认为是粒子的基本单位）本身，按照定义以光速行进，它的产生位置与其消灭位置之间根本没有距离，这两个事件之间也没有时间间隔。[2] 光子无处不在，它将在同一时刻出现。对于某些观者来说，过去、现在和未来可能有区别，但就光子而言，这一系列有序的点之间没有任何距离。直线有时也必须是点。为了准确地表示这种事态，光锥必须重新绘制，使其中的一些直线只是点，也就是使面朝下光锥的圆形底座和面朝上光锥的圆形底座不被任何距离隔开。彭罗斯从它的角度表达了光线的真实情况，画了一幅画，其中两条光线在一个球面上变成了两个点，其长度被缩小为零（图 7.3）。

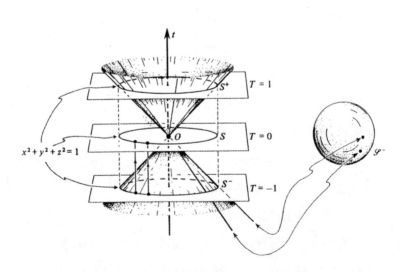

图 7.3　彭罗斯画的光锥。光锥表面上的直线代表以光速行进的路径。相对论表明，对于旅行者来说，这些路径的长度为零；它们是零射线，也可以用球面上的点来表示

要使这一论证具体化，需考虑一个在恒星 4.3 光年之外的核爆炸中产生的光子，它被眼睛吸收并转化为化学能时，就结束了它的存在。其路径长度约为 4.06×10^{13} 米。但是，如果某人以非常高的速度行驶，那么这条路可能只有原来的一半长；在 95% 的光速下，这条路只有原来距离的 30%。考虑那个著名的双生子例子，如果一个人乘坐宇宙飞船，以接近光的速度旅行，而另一个人待在地球上，这对双胞胎的年龄就不一样了。或者，对于那些不那么喜欢假设的物理谜语的人来说，要考虑粒子加速器，当物质加速到接近光速时，放射性物质样本的半衰期实际上会根据静止时钟（以及与其他物质相比）减慢。狭义相对论方程所描述的扭曲是有物理实在（physical reality）的，光锥图必须解释这一事实。

彭罗斯的替代光锥也提供了误导的信息，因为它没有显示所有作为点的光线的球面从现在开始缩小或向外生长，就像产生闪光时的情形。包括零在内的各种长度的光线佯谬是由描述它们的空间模型产生的，如果它们被认为是空间中的直线（line in space），模型中的问题就不可避免。彭罗斯的创造性飞跃，乃是意识到还有另一个几何对象可以模拟光线：射影直线（projective line）可以容纳光线的所有长度。（为了保持术语清晰，我将射影几何中的线称为"射影直线"，而在其他几何学中称之为"空间中的直线"，这是强调射影直线与背景无关的区别。）从表面上看，射影直线看起来像是空间中的直线，但它却截然不同，更加丰富。在射影几何中，存在着直线和点的基本对偶论；凡是谈论其中一个，就可以谈论另一个。射影点用比率（齐次坐标）表示，高维空间中所有满足这一比例的点都被认为是同一点。[3] 一旦这种想象飞跃发生，射影直线就越来越准确地描述了光线。射影直线具有一系列有序的点，但是——类似于光线——它们没有确定的长度。就这一点而言，射影直线上某一范围内的点可以通过多个射影变换合法地重新排列，那些投影将一条直线投影回自身，这对于空间中的直线上的点来说则不可想象。19世纪射影几何的成就是逐渐将射影几何从笛卡儿x，y网格中移除，并跟踪因不同投影而变化的测量值时，在图形中保持不变的情况。因此，并不存在网格是射影直线（即光线）的专有定义。

　　没有潜在的空间网格的事件空间的前景，对物理学家来说是很有吸引力的。一段时间以来，他们一直对物理学的戏剧应该在一个预先确定的空间（不管它如何弯曲或扭曲）舞台上发挥出来的想法感到不爽。根据广义相对论，空间是物质的创生。根据粒子物理学，物质在空间之外产生，是从时空的虚粒子（几乎不可能有任何物质的单位）中冒出来的。如今弦理论提出，物质最终由一维实体组成，与任何三维物质单位相比，一维实体对纯几何的亲和力要大得多。环量子引力（loop quantum gravity）比其他形式的弦理论有价值，它的发明者之一李·斯莫林（Lee Smolin）说，这主要是因为"我们真的可以一种背景独立的方式来看待空间和时间，把它们看作一个关系网"（Smolin 2001，179页）。对于彭罗斯来说，这些关系网的单位由射影直线构建："我们把时空认为是从属的概念，而把扭量空间——原先是光线空间——认为是更基本空间。"[1]（Hawking and Penrose 1996，110页）"通常的时空概念……是由扭量基本成分**构造**出来的。"[2]（Penrose

---

①《时空本性》，史蒂芬·霍金、罗杰·彭罗斯著，杜欣欣等译，湖南科学技术出版社1996年版，100页。
②《通向实在之路——宇宙法则的完全指南》，罗杰·彭罗斯著，王文浩译，湖南科学技术出版社2008年版，686页。

2004，963页）

彭罗斯经常写道，想象一位观看夜空的观者，恒星的宇宙就像一个球体（被称为"天球"或者"天图"），观者在其中心。另一位站在离第一位观者一段距离的观者，也看到了一个天球。通常情况下，这两个球体可以简单地通过旋转一个球体使之与另一个球体重合在一起。然而，如果第二个观者以接近光速行进，这种方法将无法奏效；球体中存在光的畸变，简单的旋转不会产生重合。例如，如果第二个观者直接从静止的第一个观者身边经过，但正以很大的速度向北极星移动，那么天球上的恒星就会被挤压到北极区；如果第二个观者经过第一个观者的一侧，天球上的恒星将被旋转到一边，然后挤压到北方。当然，运用洛伦兹变换会从另一组重新计算一组恒星位置，但是彭罗斯注意到一组更简单的变换，即莫比乌斯变换（与莫比乌斯带没有关系）也会获得成功。

要使莫比乌斯变换起作用，天球上的位置必须用复数重新编号：形为 $a+bi$ 的数字，其中 i 是虚数 $\sqrt{-1}$。复数通常表示在平面上，其中第一个数（实部）是在水平轴上的位置，第二个数（虚部）是在垂直轴上的位置，完全复数是用这两个轴作为地图坐标定义的平面上的位置（图5.7）。这整个二维平面，代表了一组相关的复点（complex points），可以被认为是一条复直线（complex line）。

射影直线的行为就好像它们是封闭的，因此经常被建模成圆：左无穷大和右无穷大是一样的。"所选择的（射影几何的）公理非常普遍，允许坐标属于任何**场**：不是我们可以使用有理数的实数，而是复数。"（Coxeter 1961，231页）因此，射影直线需要不仅是一条实点直线，还可以是一条由复数组成的直线。若它既是复数又是射影，则直线就只有一个无穷远点。这条复线，被建模成只有一个无穷远点的平面，卷成一个球，称为黎曼球面。对于莫比乌斯变换，天球被映射到这个数学球面上。若使用极坐标（从球面中心的角度导出）代替经度和纬度坐标，则计算进一步简化。[4] 这种对复数和极坐标的改变，结果是一个意想不到的好处。不仅洛伦兹变换的计算更容易进行，彭罗斯说的广义相对论中的计算也更容易进行。此外，射影空间中的复数是量子物理工作的首选数学系统；至少这两个不同的物理学分支现在可以使用同一种数学语言。

彭罗斯指出，"在基本的扭量对应中，（闵可夫斯基）时空中的光线在（射影）扭量空间中用点来代表，而时空点则表示为黎曼球面"[①]（Hawking and Penrose 1996，111 页）。当用齐次坐标表示时，空间中的直线就变成了点（图 5.5）。当做出射影和复时，点变成复射影直线，即黎曼球面。彭罗斯将光线射影模型的相关性与复数的便利性结合起来，构造了复射影三维空间，即扭量空间（twistor space）的定义（图 7.4）。扭量不是无质量粒子，不像矢量是无质量粒子，但扭量是对无质量粒子可能性的描述，因此是对空间的描述（图 7.5）。在许多著作和讲座中，他对这些元素之间的有机联系感到惊讶：天球的狭义

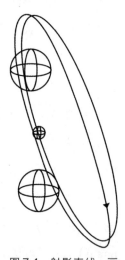

图 7.4 射影直线，画成圆圈，把（过去的）天球和（未来的）天球连接起来

---

① 《时空本性》，史蒂芬·霍金、罗杰·彭罗斯著，杜欣欣等译，湖南科学技术出版社 1996 年版，100 页。译文有改动。

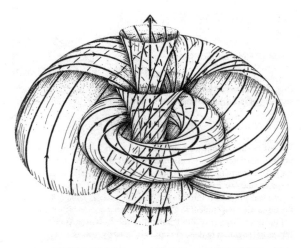

图 7.5　彭罗斯画的扭量，一个嵌套的一系列墨水圆圈，填充了所有的三维空间

相对论洛伦兹变换也是莫比乌斯变换；莫比乌斯变换假定黎曼球面及其内含的复射影几何；光线最好模拟成射影直线。

　　射影几何学和复数的结合还有进一步的协同作用，这是一个凝聚在一起的整体，远远大于其各部分看似无害的总和。描述无质量粒子自旋的此种自然方式，就是这些令人欣喜的结果之一。

　　观者总是位于天球光线的中心，因为光线在当前时刻聚集在一个特定的位置上，组成观者的天图（sky map）。这些光线，若延续到未来，则构成未来一半的光锥，即观者的反天图（anti-sky map）。对于光线本身，这两幅天图被"视为等同"，意思是它们被合（即"胶合"）在一起，因为光线的长度为零。彭罗斯谨慎地说，过去光锥和未来光锥的这个**紧化**（一个数学术语，指"系统的完成"）只是一个数学上的"方便"，但是一个有信息的"方便"。光线穿过夹点时，它们的位置在光锥

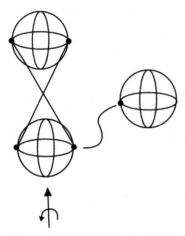

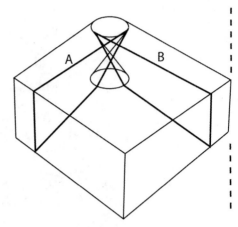

图 7.6　当过去天图与未来天图胶合时，紧化就会发生。当连接对应诸点的诸线长度为零时，此种胶合是不可避免的

图 7.7　放置一个无穷远光锥，会使零射线变成圆。放置一个无穷远光锥，也会使空间紧化

的上半部分被反转。紧化，就相当于在光线中加一个扭曲（图 7.6）。

　　另一种将光锥紧化的方法，是在闵可夫斯基空间（Minkowski space）中添加一个无穷远光锥（图 7.7）。添加一个无穷远元素，是射影几何封闭一个空间的既定技巧。这种紧化的结果，构造了复射影三维空间。彭罗斯意识到，由闭环组成的紧化光锥是三维球面（球面的四维类似物；专栏 7.1）的霍普夫纤颤（一组链接的圆）。这是一个久已为人所知的数学事实，即在三维球面上的某些平行路径随着它们的推进而扭曲。彭罗斯认为，这一几何事实必须解释无质量粒子自旋的起源，尽管所有的细节还没有搞清楚。为了界定光线扭转的方向，光线的描绘必须有一个附加的结构，而这是通过添加旗子来实现的：把光线看作旗杆，把旗子看作附在旗杆上的刚性信号旗（图 7.8）。（旋量，即随它们推进而旋转的矢量，就是这样被描述的，而扭量则以旋

量数学为基础。)现在可以跟踪零射线
(零长度的光线)的扭曲,并将其看作
紧化的必然结果,紧化本身就是在其
自身参考系中具有零长度,从而成为
一个射影实体的光线的必然结果。

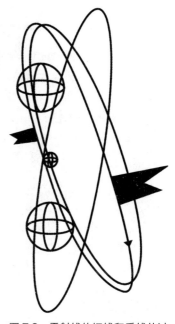

　　射影几何学与复数融合的另一个
令人欣喜的结果,是时间之矢的更加
清晰的画面。虽然没有什么比过去发
生的事情和尚未发生的事情之间的区
别更明显,但这种区别无论是从几何
角度还是从物理学角度看并不明显。
举一个物理学的例子,想象一下早晨
的太阳使一片雾气变暖。当阳光击中
雾中的水分子时,水分子会被加热,

图 7.8　零射线的切线和垂线从过
去传递到未来时,皆围绕射线旋
转。就像被称为旋量的数学对象,
这种扭曲是通过在射线上附加旗
子,从而使其方向清晰而被注意到

开始以渐增的能量四处运动。随着分子四处运动并撞击其他分子时,
云团扩展,密度降低,直到云最终蒸发。但是,把注意力集中在水的
分子反弹上,晨雾的大画面就消失了。如果只拍摄了几个分子的特写
电影,人们就无法分辨电影放映是向前还是向后,因为物理学定律不
会区分跑向未来的事件还是跑向过去的事件。在局部上,即使雾总体
上正在消散,分子的碰撞也能将雾凝聚成孤立的斑点。在这个例子中,
有一个清晰的全局时间之矢和一个混乱的局部时间之矢。
　　也存在相反的情形。人们可以通过考察光线的自旋,在局部检测
光线,看看它们是向前移动,还是向后移动。右旋螺钉被标记为正且

专栏 7.1　扭量与三维球面

在拓扑学中，球面被称为二维球面，因为它由距原点相等三维距离的所有点组成。同理，三维球面由距原点相等四维距离的所有点组成。为了更充分地想象这一点，想象一下用鸡蛋切片机切一个鸡蛋，扔掉蛋黄，结果是一系列空心圆环。这些环就像地球地图上的纬度线；它们由二维球面产生，因此就描述那二维球面。三维球面的类似的鸡蛋切片，导致一系列"同心球面嵌套，就像俄罗斯套娃。球面半径的增加和随后的减小，就像纬度线或鸡蛋切片一样。存在一个备用的切片三维球面的方式，一种对四维特殊的方式，因为那些切片变成了一系列互锁的圆"（卡特，2005 年给笔者的电子邮件）。这些连在一起的圆，被称为三维球面的霍普夫纤颤（也被称为克利福德平行线或克利福德圆）。要可视化霍普夫纤颤（Hopf fibration），考虑三维球面的平方，使它成为超立方体，超立方体的胞体成为三维球面的镶嵌。（二维球面的镶嵌是用多边形覆盖球体，就像覆盖足球的六边形和五边形。）超立方体的八个胞体中，有四个在中间形成一个环形带，另外四个胞体在中间形成垂直上升的另一个环形带，并如雨后春笋般在所有其他地方生长。因此，这个三维球面总是可以被分割成两个相连的实心鸟巢，其界面是一个环面。在这个界面上穿过孔的任何两个圆，都是相连的（图 7.9）。

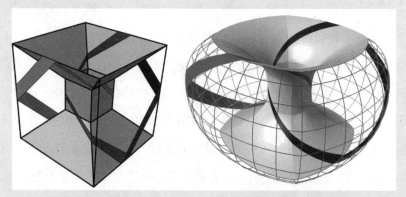

图 7.9　在戴维德·塞沃恩（Davide Cervone）的画中，超立方体的立方体被认为是超球的镶嵌。环面是两组四个立方体胞体（四个水平胞体和四个垂直胞体）之间的界面。这个环面上的圆是相连的霍普夫圆（Hopf circles）。超球可以被认为是由两个相连的实心鸟巢填充

彭罗斯的扭量图（图7.5）可立即被拓扑学家识别为霍普夫纤颤。扭量舒适地坐在三维球面中，因为它所代表的路径是通过紧化而封闭的。然而，扭量强调霍普夫纤颤中的一个隐结构。霍普夫纤颤的圆形路径具有螺旋度（helicity）：它们的切线和垂直线向左或向右旋转。造成霍普夫纤颤的线就像旋量（spinors），因为它们有一个定向，此定向可以由附加的边线来定义。当彭罗斯把这个几何图形想象成光锥的零射线（null rays）时，扭量被发明了。彭罗斯认为，将光锥建模为三维球面的霍普夫纤颤，可以解释无质量粒子中的自旋。

如果他是对的，现在有两种方法可以说同一件事：扭量空间就像以其螺旋度扭曲的三维球面的霍普夫纤颤；光子和其他无质量粒子本质上皆具有内禀螺旋度。第一种陈述是对空间路径的描述，第二种是对物理实体属性的描述。如果你碰巧在这样的空间，第二种陈述似乎是描述你观察的最自然的方式。然而，相对论物理学家更喜欢将物理性质定义为空间属性的表述。

另一种关于椭圆空间中扭曲的直觉，通过考虑三维球面的另一种结构而发展起来。有可能用120个十二面体来镶嵌这个三维球面：这是四维空间中的正立体（见图1.2和图版1）。正一百二十胞体的三维十二面体胞体都是一个个胞体拼接而成，也就是说，五边形面与五边形面毗连。但是，考察单一的十二面体，的确，它的相反面是平行面，一个展开的四维图形可以将这些十二面体胞体按行逐一堆叠成平行面对平行面。但是，它们在堆叠时旋转——十二面体的相反面是平行面，但定向不相同。最后，对于三维球面的三维十二面体胞体中的三维观者来说，只有一个三维世界，那就是正面（未来无穷大）和背面（过去无穷大）是等同的。向前看得足够远，等于是从后面看，除了一切都是扭曲的。杰夫·威克斯（Jeff Weeks）提出，这正是我们自己的宇宙的情况，很快就会有实验数据来证实或否定这一前提（Weeks 2004）。这和彭罗斯的无穷远光锥的构型是一样的，它将未来半锥和过去半锥紧化在一起。宇宙是一个大扭量吗？

随时间向前移动，左旋螺钉被标记为负且随时间向后移动。现在，问题在于构建全局箭头（global arrow）。彭罗斯解释道，"量子场论需要把诸场量分解成正频和负频部分。前者顺时间传播，而后者逆时间传播。为了得到理论的传播子，人们需要一种把正频率（也就是正能量）部分挑出来的办法。**扭量理论**是完成这种分解的一个（不同的）框架——事实上，这种分解正是扭量的一个重要的原始动机"[1]（Hawking and Penrose 1996，107 页）。

彭罗斯详细叙述了 1963 年 12 月 1 日一次驾车旅行的确切时刻，当时他意识到，有一种方法可以将这些局部观测结果构造成一个完整的全局图景，用来描述时间箭头（arrow of time）。他认识到，实线将复平面分为正虚部和负虚部，这种基本的分解也是用黎曼球面来模拟的。从北极向南半球上的点的投影等同于负频率，随时间向后退行，而从北极向北半球上的点的投影则等同于正频率，沿光锥上部的方向（反天映射）随时间前行。这一分析给出了时间方向的全局图景。彭罗斯宣告："我找到了我的空间！"（1987 年，第 8 节；2004 年，993 页以后）

天球只定义了时空中的一个点，即观者在当前时刻的位置。光锥的所有光线在时空中的单个点汇聚。因此，每个扭量只定义单个点。问题变成如何将这些点组装成由离散元素组成的协合空间，以及如何在没有已有的坐标系的情况下做到这一点。换句话说，我们的目标是定义一个空间，首先它具有量子粒度（quantum graininess），因此不是

---

[1]《时空本性》，史蒂芬·霍金、罗杰·彭罗斯著，杜欣欣等译，湖南科学技术出版社1996年版，98页。

无限可分的；其次它完全由自身组成，而不涉及任何其他系统。按照物理学家的说法，此种空间应该是组合空间，与背景无关。早在 1958 年，彭罗斯就提出了**自旋网络**（一个带有内部计数系统的拓扑拼砌）的概念来表达这样的空间。到 1968 年，他开始发表这一观点，十年后，自旋网络在数理物理学界中广为人知。彭罗斯将这一想法描述如下：

> 这里描述的理论中出现的"方向"皆由系统之间的相互关系所定义，它们一般不会与先前给定的（且是不必要的！）背景空间中的方向一致。在这里获得的空间，将被认为（确实必须被认为）是由系统本身决定的空间。
>
> 希望对上述方案的一些修改能够考虑到诸系统相对速度的影响，从而也许可能建立四维时空。（上述理论中不含时间，甚至到事件的时间顺序与此无关的程度！）（Penrose 1979，306 页）

自旋网络后来的发展证明，在大型聚集体中，它们的外观和功能类似于空间，因此与经验是相容的。该方案的各种修改已经发展，包括高维自旋泡沫。但是，目标仍然是"得到那种完全离散的、明显是'组合的'理论框架……要深入到大自然的最微细致尺度上来理解其运作机制，这一框架是必不可少的"[1]（Penrose 2004，958 页）。

彭罗斯对扭量的希望是，它们可以用来弥合当代物理学中相对论

---

[1]《通向实在之路——宇宙法则的完全指南》，罗杰·彭罗斯著，王文浩译，湖南科学技术出版社 2008 年版，693 页。

专栏 7.2　扭量纲领

罗杰·彭罗斯花了 40 年时间建立扭量。他希望它们能重新调整物理学的结构。彭罗斯指出：

> 从某种意义上说，时空的四维性（four-dimensionality）和（+，−，−，−）特征，连同令人满意的全局定向性、时间定向性和自旋结构的存在，在某种意义上都可以被认为是从二组分旋量（two-component spinors）中**导出**的，而不仅仅是给定的。然而，在这个阶段，仍然只有限的意义，这些性质可以这样看待，因为诸点（的）流形时空（manifold space-time）本身必须事先给出，尽管这个流形的性质在某种程度上受到它必须承认适当类型的旋量结构的限制。我们要是完全认真地对待所有时空概念都是从更原始的旋量概念衍生出来的哲学，就必须找到一些方法，时空点（space-time points）本身可以被视为导出的对象。
>
> 旋量代数（spinor algebra）本身还不足以实现这一点，但是旋量代数的某些扩展，即扭量代数（twistor algebra），确实可以被认为比时空本身更原始。此外，能够使用扭量直接建立其他物理概念，而不需要通过时空点的中介。扭量理论的纲领，实际上是用扭量术语重新表述整个基本物理学。时空点和曲率、能量动量、角动量、量子化、基本粒子结构，以及它们的各种内禀量子数、波函数、时空场（可能包含它们之间的非线性相互作用）等概念，都可以用不同程度的推测、完备性和成功，以一种来自原始扭量概念的或多或少的直接方式来表述。
>
> （Penrose and Rindler，第 2 卷，43 页）

和量子物理学之间最严重的鸿沟，首先把它们放在同一个编号系统中（专栏 7.2）；还有一个很大的鸿沟要跨越；量子物理学是关于过去的故事；后向光锥描述因果过去。如前所述，所有可能影响当前时刻的事件都必须在光锥内，因为只有这样，任何信息或影响才有时间到达当前时刻。过去在光锥外发生的任何事件，都必须以比光速更快的速度在当前时刻到达指定的地点。从相对论者的观点来看，物理学是关于未来的故事。事件受到引力相互作用的影响，此时此刻质量扭曲了局部空间，从而改变了未来。未来光锥向引力质量倾斜；甚至类时间路径（在空间中没有任何方向，但只是通过时间）向质量倾斜。

量子力学的佯谬在于，过去光锥之外的事件似乎确实影响（即**纠缠**）在当前时刻所做的测量。为了解释因果关系锥外部事件的佯谬，一种流行的观点认为光锥必须是**模糊的**（fuzzy）；它们朦胧的表面，包括可能被误认为在光锥之外的点。彭罗斯设想，存在许多毗连的、叠加的光锥，事件是**模糊的**，直到它们卡入其中的一个或另一个："在扭量处理中，则是'光线'未变但'事件'变得模糊。"[1]（Penrose 2004，966 页）这种量子多重态（quantum multiplicity）通过"水平大约为一个引力子（gravitron）或更大的尺度"[2]的引力相互作用，被分解成明确的经典结果（Penrose 1989，367 页）。

另一项建议是认为光锥是刚性的，这样，倾斜未来光锥也会倾斜过去光锥，从而扫进光锥并导致外部的因果过去事件。如果人停下来想一想，光锥的刚性旋转是完全反直觉的：过去就是过去，一去不复返，而未来则受当前事件的影响。从现在开始的事件，没有理由影响过去的情况；毫无疑问，光锥应该会在其夹点处合上。当然，如果光锥由空间中的线组成，它们就会分裂。我建议将光线解释为射影直线，解释光锥在旋转时如何保持刚性。从零射线的角度来看，从过去到现在到未来的路径不可能有分离，因为这些点之间没有距离。光线的射

---

[1]《通向实在之路——宇宙法则的完全指南》，罗杰·彭罗斯著，王文浩译，湖南科学技术出版社 2008 年版，689 页。

[2]《皇帝新脑》，罗杰·彭罗斯著，许明贤等译，湖南科学技术出版社 2008 年版，465 页。

影性质意味着光锥不能在其夹点处合上，因此必须是刚性的。使未来光锥倾斜以改变可能的未来不可避免地使过去光锥倾斜，将光锥以外的事件带入因果过去（图 7.10）。

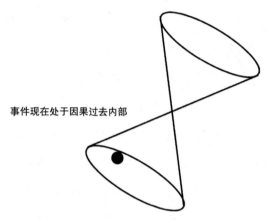

图 7.10　旋转一个刚性光锥，会将光锥之外的事件带入因果过去

彭罗斯的扭量纲领，可以概括为主要基于三个洞见。他意识到，光线的路径更像是射影直线，而不是空间中的直线，洛伦兹变换也可以作为莫比乌斯变换来完成，而光锥的完整图景（紧化图景）将它们描绘成三维球面上连在一起的平行圆圈（霍普夫纤颤）。接下来至少有四个有希望的结果。所有的物理学，包括相对论，都可以使用相同的复数作为测量系统。粒子中自旋的起源，被看作几何学的函数。全局时间之矢，及其对熵（entropy）的影响，与空间的描述结合。最后，这一扭量纲领保证了一个与背景无关的空间组合结构。彭罗斯承认，尽管这个庞大而未完成的扭量纲领目前在纯粹数学领域取得了比物理学更全面的成功，但研究人员各自仍在继续研究这个纲领的不同部分。自旋网络连同其对非连续空间的描述，尤其鼓舞人心。此外，在过去

两年里，爱德华·威滕（Edward Witten）找到了一种把扭量和弦理论结合起来的方法，通过这些思想的融合，他可以在更可信的四维，而不是弦理论通常的十一维上搞弦理论。

　　虽然彭罗斯经常被贴上柏拉图主义者的标签，因为他专注于几何学的首要地位来定义什么是可能的，但彭罗斯实际上更像一个亚里士多德主义者，他坚持认为我们所观察到的就是实在，我们的问题来自应用了一些错误的模型。"对于那些时空维数超出我们直接可观察（即1+3）的理论，"彭罗斯说，"我看不出有何理由值得相信，它们使我们背离了物理学认识的方向。"[1]（Penrose 2004，1011 页）彭罗斯有时又说，扭量只是一种替代表述："它可能被简单地看作为解决标准物理理论中的问题提供了新的数学方法。"相反，扭量可能被视作为所有物理学基础提供了一个替代框架，其特点是"事件概念（时空点）从主要角色降到次要角色"（Penrose and Rindler，第 2 卷，viii 页）。在这个表述中，扭量的价值是深远的；彭罗斯想要用反直觉的复数和射影来换取反直觉的高维。既然它们在数学上等价，就采取更接近我们体验的空间模型。射影模型（projective model）把我们从错误的空间概念中解放出来，使我们走上了通向实在之路（The road of reality）。[2]

---

①《通向实在之路——宇宙法则的完全指南》，罗杰·彭罗斯著，王文浩译，湖南科学技术出版社2008年版，720 页。
②作者此句话，似乎故意与彭罗斯的那部千页巨著的书名暗合。《通向实在之路》的最后一章（第三十四章）章名为《实在之路通向何方》。

第8章 纠缠、量子几何和射影实在

"稍等一下，我不能同时在两个地方！"一个更为常识的概念很难找到，但量子实在（quantum reality）的根本奥秘在于，诸多事物确实同时在不止一个地方出现。无论如何描述量子事实（量子隧穿空间；量子跃变；量子有多个、并发的历史；量子处于多重态；量子具有模糊实在），量子事实都抵触我们的日常体验。例如，量子实在会建议人们可以使用同一把钥匙同时打开前门和后门的锁。两个锁都是真实的、机械的，由实心黄铜制成，存在于房屋的相反两侧。前门锁、后门锁并非快速连续打开，并未通过任何类型的通信系统连接；相反，它们是孤立的，且同时打开。确实，双重解锁将是一个事发之后重建的观察，但报告将是不能被质疑的直接观察到的事实。对这种意想不到的结果唯一令人满意的解释是，钥匙同时在前门和后门处。接受这种解释，就是接受量子实在。

这个基本的量子佯谬（quantum paradox），是杨氏双缝实验（最初设计用于显示光的波动性）的现代版本。1805 年，为了证明这一特性，英国医生、物理学家托马斯·杨（Thomas Young）把光照在一个带有小缝的障碍物上。因为光是波，光在通过狭缝后会发散出来。若只有一条狭缝打开以允许光通过，则会出现自然渐变的光，中心处明亮，边缘处变暗。然而，若两条狭缝都打开，则两个光扇会干涉，当波峰遇到波峰时会出现亮斑，但是当波峰遇到波谷时，波会抵消并出现暗斑。当杨氏双缝设备按照预期产生明暗相间的条带时，光的波动性被证明。而当实验者能够削弱光线以便一次只有一个波包（即光子）能够通过狭缝到达障碍物时，概念性难题就出现了。随着光的减弱，它需要更长的时间，但随着时间的推移，一个个光子，在屏幕（摄影底片）上产生一个明暗相间的图样。令人吃惊的是，实验结局是相同的。只有一条狭缝产生了一个扇形，但是两条狭缝打开却产生了干涉图样。然而，每次只有一个对象位于装置中（例如，每秒一个光子），这意味着对象只能干涉它自身，只有它同时穿过两条狭缝时才能做到。

虽然阿尔伯特·爱因斯坦在其他方面有效地反对在物理科学中使用常识的概念，但他无法理解具有独立的先前存在性的真实物体可能同时存在于两个地方。1934 年，爱因斯坦与鲍里斯·波多尔斯基（Boris Podolsky）和内森·罗森（Nathan Rosen）一起创造了一个思想实验，现在被称为 EPR（爱因斯坦、波多尔斯基、罗森三人姓氏的首字母缩写），通过使用纠缠粒子来展示量子实在的荒谬性。两个粒子可以单线态（即纠缠态）创生，这意味着它们是单个实体的一部分，即使在相隔很远时也保持不变。纠缠态是由于粒子的波动性质——每个粒子都是各种波形的叠加；以叠加形式一起创生两个粒子。（也可能将两个以上的粒子纠缠在一起。）EPR 指出，根据量子理论原理，人们可以任意选择测量纠缠粒子对的一个分量（位置或动量），通过这样做，知道关于另一个粒子的确定的东西（即永久影响某些东西）；因为这是瞬时完成的。由于没有任何东西被认为是瞬时的（也就是说，没有任何东西可以比光速更快地传播），这必然意味着在测量一个粒子之前两个粒子都不存在（两个粒子都在事发之后按指令创生），或者有隐变量（hidden variables）将粒子中后来可能做出的所有选择都预先编程到所有的可能结局中。换句话说，EPR 有三种可能的解释：（1）粒子对通过快于光的通信或其他方法跨越空间（即诸粒子是**非定域**的）；（2）诸粒子直到测量才存在（即诸粒子是**不真实**的）；（3）整个量子理论，在其他方面非常成功，是不完备的，因为在某种程度上所有未来事件都是预先编程的（即存在**隐变量**）。EPR 声称，最后一种选项成立，前两种选项完全不可接受。自爱因斯坦–波多尔斯基–罗森论文发表以来，长期的纠缠史一直是一场展示现在已达成共识的运动：并不存在什么隐变量，这些量子事件既是真实的，又是非定域的。

1966 年，约翰·贝尔（John Bell）撰写了一篇论文，阐述了假想的 EPR 实验的可能结局。贝尔这篇非凡论文指出，经过多次试验，将有一种方法可以区分隐变量情景和非定域情景。事实上，**贝尔不等式**来自在许多纠缠粒子对的成员之间两个分离位置处观察到的相关性（在事发之后）的计数。隐变量只能解释一定数量的相关性，但如果实验提供了更多相关性的证据，如量子力学所预测的，就会有非定域性（nonlocality）的证据。贝尔定理引起了轰动，因为它提供了一种机制，可以实际实施爱因斯坦的思想实验。贝尔实验由好几个团队进行，结果各不相同，但总的来说爱因斯坦似乎是错误的。许多人认为，纠缠粒子既是真实的也是非定域的。

对此类实验的两个概念和技术改进增强了那些结果，使得信众更多。普林斯顿大学的物理学家约翰·惠勒（John Wheeler）意识到，观察者 A（物理学家们的爱丽丝）和观察者 B（鲍勃）做出的观察选择可以在纠缠对创生和发射**之后**执行，从而进一步打击隐变量提议。如果爱丽丝在粒子对创生之后测量了关于她的粒子（例如自旋角度，或其动量），鲍勃在他的粒子中发现了相关性，那么预编程将不可能长，考虑爱丽丝可能会选择在将来测量的任何变量。另一种可能，时间必须向后流动，以便在事后重新编程隐变量，从而挑战粒子的实在性。或者最后一种可能性，一些信号可以从爱丽丝的粒子发送给鲍勃的粒子，向鲍勃的粒子提供有关如何表现的信息。法国实验物理学家阿兰·阿斯佩克特（Alain Aspect）用实验取消了最后一个选项，其实验效果将爱丽丝和鲍勃分开得足够远，且足够密切地协调他们的观察，以便信息必须以三四倍的光速在他们的粒子之间传递。[1] 后来实验者将这个数字推高到光速的一千万倍（Aczel 2001，236 页）。

尽管贝尔的逻辑经受了严格的审查，但延迟选择选项对预编程系统（preprogrammed system）的概念造成了进一步的打击，而阿斯佩克特的实验证明了纠缠粒子（或纠缠粒子集）之间的联系是瞬时的，该实验的统计性质继续阻碍广泛接受这种反直觉的纠缠思想。在创生的大量粒子中，只有一些是纠缠粒子，只有在某些情况下，该装置会以这种方式俘获分离的纠缠对以测试非定域性，只有对这些许许多多次相对较少命中的统计分析证明了该结果。怀疑论者在这些变幻莫测中找到了安慰。令人震惊的是，1990 年，丹尼尔·格林伯格（Daniel Greenberger）、迈克·霍恩（Mike Horne）、阿伯纳·希莫尼（Abner Shimony）和安东·齐林格（Anton Zeilinger）（统称为 GHZ ——希莫尼在之前关于这个科目的一篇论文之后才加入）发表了一篇名为《无

---

[1]《时间之箭》，彼得·柯文尼等著，汪涛等译，湖南科学技术出版社 2002 年版，129 页。

不等式的贝尔定理》的论文。诸作者提出了一种带有四个纠缠粒子的装置，每个粒子都有自己的探测器。作为纠缠系统（entangled system）的一部分，有如此多的元素允许非定域事件在每次以特定方式俘获一组纠缠粒子时都有证据。后来，此种思想实验经过精炼，可以处理三个纠缠粒子，不久，物理学家阿拉文德（Padmanabhan Aravind）研究了三个纠缠粒子的联系（专栏 8.1）。2001 年，奇林格及其在维也纳的实验家团队实现了使用三个纠缠粒子的实验。奇林格得到了很强的结果：真实的非定域纠缠粒子即使在被禁止的类空间（非因果）距离分开的情况下也能协同奏效。关于统计不等式的不安已经一去不复返，取而代之的是更大的不安：量子实在 ——真实的、非定域的量子实在 ——乃是一个事实。

　　阿拉文德在 2001 年以及后来在 2004 年更完全地提出了一个新

专栏 8.1　环与物

　　1990 年，默明改进了 GHZ 实验，使之与三个纠缠粒子一起工作。然后在 1997 年，阿拉文德发现这三个粒子可以与博罗梅奥环（Borromean rings）的连通性纠缠在一起，这意味着如果对一个粒子进行了特定类型的测量，那么另外两个粒子就不再是纠缠粒子。不管这三个粒子中的哪一个被选择来测量，这都成立。（博罗梅奥家族选择这些连锁环作为其家族盾徽的一部分，以显示其大家庭所有部分的相互依存关系；如果被一个派别遗弃，其他派别就没有凝聚力。）或者，对 GHZ 三重态的任意一个粒子进行不同的测量，此种选择可以显示诸粒子将以一种由霍普夫环（Hopf rings）模拟的方式被纠缠：切割任何一个环，则留下另外两个链接的环（图 8.1）。

　　阿拉文德的发现意味着纠缠的 GHZ 三重态——在它被测量和破坏之前——兼具博罗梅奥连通性和霍普夫连通性，而正是这个**多重对象**被当成这个量子实在的完整描述而研究。投影一种方式，实在是博罗梅奥环的实在；投影另一种方式，实在是霍普夫环的实在。

想象一下下面的实验：创建一个纠缠的三重态。抛硬币来测试博罗梅奥环还是霍普夫环。然后抛出另一枚硬币，看看这三个环中哪一个要切割。然后，看看剩下的两个环是否相连。如果一个人在寻找它们的时候总是找到博罗梅奥环，一个人寻找它们的时候也总是会找到霍普夫环，那么测量前的、纠缠的、高维的状态就必须包含这两种链接。

GHZ 三重态具有六个坐标的量子态，它们位于八维希尔伯特空间，一个有 14 个实参量的空间。博罗梅奥链接和霍普夫链接都是可能结局，这两种可能性都必须以某种方式包含在未测量的状态中。是否有可能在 14 维空间中识别出这三条曲线，将它们投影到三维空间，一种方式产生它们为博罗梅奥环，而将相同的环投影到三维空间，另一种方式产生它们为霍普夫环？

没有人试图在高维空间中找到这样的环排列，但这将是一个有趣的几何练习。如果有人发现了，就可以提出一个哲学问题，这可能会对 GHZ 三重态的粒子有什么影响。这个问题如果鼓励了在高维空间中可以获取环的概念，它就会导致一条迷途；根据定义，环在其量子的、测量前的状态下是不可观测的。另一方面，如果证明没有这样的环排列是可能的，那么非定域的量子实在之谜可能会被进一步重申，并进一步加深。

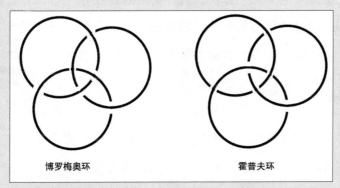

博罗梅奥环　　　　　　　　　　　　霍普夫环

图 8.1　博罗梅奥环和霍普夫环。在这两组环上，外部交叉口是相同的，但内部交叉的三角形则完全相反

的思想实验，它也证明了贝尔定理，而不需要统计不等式。根据戴维·默明（David Mermin）先前的红绿思想实验，阿拉文德的实验想象爱丽丝和鲍勃彼此之间的距离相当远。在中心源处创生两对纠缠粒子，每对中的一个粒子被发送到爱丽丝而另一个粒子被发送到鲍勃（比如，左脚鞋、右脚靴发到爱丽丝，右脚鞋、左脚靴发送到鲍勃）。在这发生之后，爱丽丝在她的粒子检测设备上设置开关。她有六个选项，鲍勃也是如此，他还随机选择六个选项中的一个，而不咨询爱丽丝。每个接收器上的显示面板，由九个方块排列成三行三列。当探测器通过接收两个粒子（每对一个）激活时，九个方块中的每一个都可以亮起红灯或绿灯。爱丽丝得到她的粒子时，她的面板亮起红灯和绿灯，鲍勃得到他的粒子时，他的面板亮起红灯和绿灯。如果面板的颜色在两个接收器上以相同的方式点亮，诸粒子就会一致行动。

更具体地说，爱丽丝可以选择行或列作为她的接收器的激活部分，鲍勃亦然。若爱丽丝恰好选择一行，鲍勃选择一列，则保证两个接收器共享至少一个方块。两者要么都是红灯（R），要么都是绿灯（G）。爱丽丝和鲍勃后来见面计数结果时，他们会发现情况就是这样。如果发生爱丽丝和鲍勃都选择同一行（或同一列）激活，那么它们将有三个共同的方块，并且稍后会发现所有三个方块都以相同的方式点亮。无论两个接收器共享多少个方块，它们每次都会点亮相同方块，这意味着点亮这些方块组的粒子即使远远分开也行如单个实体，因为这种关联规则永远不会被违反。只有当爱丽丝和鲍勃都选择不同的行或两者都选择不同的列时，不存在共同的方块，故无"测试"。所以平均来说，三次运行中有两次会导致测试。

　　爱丽丝和鲍勃的接收器都有一个内置约束，称为"奇偶校验规则"。要说明这个规则，必须引入一些记号：各行从上到下标记为 R1、R2 和 R3；各列从左到右标记为 C1、C2 和 C3。该规则规定，对于探测器设置 R1、R2、R3、C1 或 C2，偶数个方块亮红灯，奇数个方块亮绿灯，而对于 C3，奇数个方块亮红灯和偶数个方块亮绿灯。有 24 种可能的组合（图 8.2）。该规则不会干扰上述测试结果，根据该规则，爱丽丝和鲍勃的探测器上的任何共同面板在任何特定运行下都会亮相同的灯。考虑阿拉文德所说的四个具体运行：在第一轮中，每个接收器的左上方块是红灯，且还观察到红绿规则（爱丽丝的行中偶数个红色方块和鲍勃的列中偶数个红色方块）。在第二轮中，爱丽丝和鲍勃都选择第二列作为其设置，导致所有三个方块在每个面板中都点亮相同偶数的红色方块。在第三轮中，没有共同的方块，故无测试。第四轮显示右

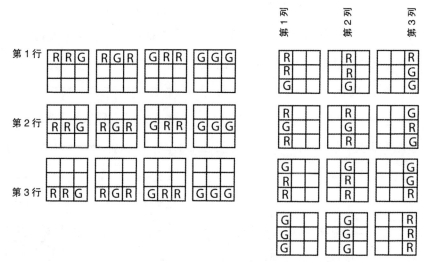

图 8.2　由于奇偶校验规则，每个行或列的选择有四种可能的红色和绿色面板排列，以及总共 24 种可能的组合。改编自 Aravind（2004）

下方块亮绿灯；虽然偶数红色约束适用于爱丽丝，偶数绿色约束适用于鲍勃，但没有违反该规则（图 8.3）。

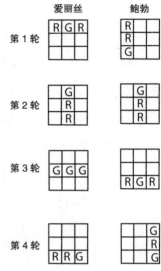

图 8.3　四个样本运行说明。改编自 Aravind（2004）

奇偶校验规则排除了面板（此后是粒子）被预编程的可能性，以允许爱丽丝和鲍勃可能做出的所有的可能选择组合。粒子在飞行后，爱丽丝和鲍勃可能选择的每种可能情况下，粒子都不能随身携带指令集来激活彩色面板。面板不能如此预编程，因为“红色面板的总数……要求是偶数的（若将行上的红色面板相加），但另一方面，它也需要这个数字是奇数（若将列上的红色面板相加）”（Aravind 2004，5 页）。如果颜色（代表粒子的各个方面）不能在源头预编程，粒子在事后就不会被组成，且在测试过程中探测器不能相互通信，那么粒子是非定域的，在每次进行测试时，延迟选择实验中存在着一致行动。顺便说一下，爱丽丝和鲍勃并不是唯一玩这些教学游戏的虚构朋友（专栏 8.2）。

$1 \times \sigma_z$	$\sigma_z \times 1$	$\sigma_z \times \sigma_z$
$\sigma_x \times 1$	$1 \times \sigma_x$	$\sigma_x \times \sigma_x$
$\sigma_x \times \sigma_z$	$\sigma_z \times \sigma_x$	$\sigma_y \times \sigma_y$

图 8.4 接收器背后的物理特性。改编自 Aravind（2004）

为了理解阿拉文德在四维投影几何中找到的联系，必须揭开接收器背后的物理特性（图 8.4）。爱丽丝选择

专栏 8.2　露西和里基烘焙蛋糕

2000 年，奎亚特（P. G. Kwiat）和哈迪（L. Hardy）基于戴维·默明之前的工作发表了一个特别清晰、稀罕的纠缠思想实验。在这里展示的另一个例子，它是多么难以吞咽量子实在，该思想实验设想两个受试者（露西和里基）烘焙蛋糕。两个蛋糕由准备室的传送带到厨房的对面，在他们自己的两个小烤箱，烘焙各自的蛋糕。这对夫妇可以对分别出现在他们身边的蛋糕做出数字化评判：味道好还是不好，以及在烘焙过程中偷看时发起还是不发起的情况。但是，在烘焙过程中打开小烤箱会破坏蛋糕，保证蛋糕在完全烤熟后味道不好，所以在给定的蛋糕上只有一个"质量"可以检查。两位作者列出了所有的可能性。"里基的蛋糕发起得早，露西的蛋糕味道好"，依此类推。但从来没有发生过这样的情况：在单次运行中，两个人的蛋糕味道都很好。人们会预料到，在随机的一系列运行中，无论露西和里基做了什么，至少会发生一次，两个人蛋糕的味道都很好。配方是坏的，总是生产可怕的蛋糕，这不可能成立，因为露西和里基都得到过味道很好的蛋糕，只是不在同时。一定是两个人的蛋糕是纠缠蛋糕，对一个的影响和对另一个的影响是协调一致的。这就是两个蛋糕从未在单次运行中都好吃的原因。

与红绿灯实验一样，该思想实验的每一个特征都有一个精确的物理类似物，具有纠缠量子实在的特征。这个意想不到的结果——两个人的蛋糕都不好吃——被严格证明是量子力学众所周知的特性的必然结局。即使蛋糕在一间大厨房的对面，除非它们确实以一种单线态一起行动，否则这一意外的结果是不可能的。鉴于实验的目的是消除对非定域行为的偏见，物理学家认为这种思想实验本身就已完成，没有必要实际从事任何厨房操作。

一行或一列时，她选择对来到她的两个粒子进行多达三次单独的测量。例如，在第二列中，爱丽丝设置她的设备来测量第一个粒子在 z 方向上的自旋，在下一个框中，她测量第二个粒子在 x 方向上的自旋。将第二列解读到最后一个框，不会增加新的测量值。选择第三行，爱丽丝用她的装置测量第一个粒子在 x 方向上的自旋和第二个粒子在 z 方向上的自旋，然后测量第一个粒子的 z 方向和第二个粒子的 x 方向，最后测量第一个粒子的 y 方向和第二个粒子的 y 方向。当然，对两个粒子进行如此复杂的一系列测量将是一个非常实验性的手法，但在现在技术上是可行的。

在给定方向上测量自旋，是一种是否—上下测量（yes-no, up-down measurement）。在检测器的任意比对中，检测自旋通常是概率问题，有时是"是"，有时是"否"，根据精确的百分比。阿拉文德探测器布置的巧妙之处在于，测量设备总是在没有概率的情况下给出离散结果。方块要么是红色，要么是绿色，这些观察结果表明粒子的量子态是**明确的**——不是可能的。也就是说，爱丽丝获得离散结果，因为在测量时，其粒子状态的叠加坍缩成了多个原始可能性的明确表现。

在数学上，可观测量（有待进行的测量）由两个粒子中的每个粒子上的 2×2 矩阵表示，其产生 4×4 矩阵。从这个意义上说，第四个维度是两个粒子都被测量的"空间"。爱丽丝的每个测试的"状态"皆由四维列向量表示：这个向量代表爱丽丝通过她对两个粒子的组合测量做出显示的几种可能性中的一种状态。若这样的列向量以红方块或绿方块的形式传递离散结果而没有概率，则该向量是本征向量，且离散结果是本征值（专栏 8.3）。

由于鲍勃的设备就像爱丽丝的一样设置，他的列向量也将是离散的（也就是说，它将是可观测量矩阵的本征向量，导致离散的本征值，红方块或绿方块）。如果爱丽丝选择了一行而鲍勃选一列，那么量子实在的神奇之处在于，它们都会显示出一个可能的本征向量，这些本征向量将在公共方块上产生相同的本征值（红方块或绿方块）。若两者是

专栏 8.3 矩阵代数与本征值

矩阵代数是直截了当的，它适用于一些概念上并不困难但乏味且容易出错的事物。阿瑟·凯莱在 1858 年 37 岁左右发明了矩阵（matrices），后来沃纳·海森伯（Werner Heisenberg）给矩阵注入了动力，他用矩阵来定义物理粒子的属性。矩阵的一个基本特征是它们不是交换的，这意味着矩阵 A 乘以矩阵 B 不等于 B 乘以 A；同理，测量粒子的可观测值是不可交换的，这意味着先测量粒子的位置，后测量粒子的动量，不等于先测量动量，后测量位置。自动化许多棘手步骤的计算机功能，一直是一个很大的好处，因为一旦函数被定义，任何类似的矩阵都可以插入。矩阵乘法通常用于计算旋转，其中列向量乘以定义旋转的矩阵：

$$\left\{ \begin{matrix} c & - & s \\ s & + & c \end{matrix} \right\} \times \left\{ \begin{matrix} x \\ y \end{matrix} \right\} = \left\{ \begin{matrix} cx & + & sy \\ -sx & + & cy \end{matrix} \right\} = \left\{ \begin{matrix} x' \\ y' \end{matrix} \right\}$$

在这个矩阵乘法中，列向量 x 高于 y。变量 c 和 s 分别是旋转这一箭头的角度的余弦和正弦。这个乘法的结果是一个新的列向量，新的值为 x' 和 y'。

本征向量 (eigenvectors) 是一种特殊的列向量，当与其矩阵相乘时，它们的乘积具有与开始时相同的本征向量，但也会存在一个本征值（常数），该本征值（常数）扩展或缩小了该向量，或逆转了它的方向。算术中没有精确的类似物：零乘法总是返回零，但这个结果并不是特定于被乘数，而由数字 1 乘法不产生乘数。在阿拉文德给出的例子中，左边的 4×4 矩阵代表探测器和它们所做的测量，而在右边，四元素的列向量表示这两个独立粒子的组合状态。本征值（eigenvalue）就是测量的结果。

纠缠态，代表粒子量子态的本征向量尽管远距离分开则会瞬时一致行动。量子信息理论的另一个神奇之处在于，爱丽丝和鲍勃碰巧选择相同的行或列，然后通过进行测量，他们会将叠加粒子坍缩成完全相同的状态（相同的本征向量），以产生所有三个彩色的面板皆同。

阿拉文德做出了惊人的发现，即这种特殊的接收器排列的所有可能的本征向量（皆为测试的所有可能运行的结局）构成了一个正四维图形——正二十四胞体。也就是说，12 个本征向量及其反本征向量，识别由 24 个八面体胞体组成的四维多胞体的顶点。四维几何中的工作者对这个数字有特殊的喜爱；它是第六个多胞体，额外的一个，其三维类似物是半正立方八面体。此外，正二十四胞体是异常稳定的图形，因为从原点到任何顶点的距离与任何边长相同。这个图形是自对偶（self-dual），这意味着，不像立方体的对偶是正八面体（通过连接其各面的中心制成），该图形连接其 24 个胞体的中心恰好产生另一个正二十四胞体。 阿拉文德在本征向量集合中找到了该图形及其对偶，一个用于行，另一个用于列。在数学具体的意义上，当爱丽丝和鲍勃用他们的接收器设置做探测时，正二十四胞体乃是模拟两对纠缠粒子的量子实在的对象。

　　构成量子态空间的列向量，都是射影向量。物理学家经常使用术语**射线**（而不是**向量**）来记录他们的射影质量。向量是具有方向、长度或大小，以及坐标系中的位置的箭头。向量通常指的是我们经验空间中的力和路径。物理学家强调，定义量子态的射线更为抽象，而不是指我们经验的空间。相同方向（即斜率）的不同量子态射线，都定义相同的量子态。也就是说，不同长度的射线和指向相反方向的射线，皆在量子计算中不能彼此区分。反转一条态射线，不会改变它所代表的量子态的描述；矩阵计算的结果皆相同，包括本征值——红色或绿色结果的计算。此外，这些抽象射线并非居于外部坐标系中，而只是它们自身的实体。在最一般的情况下，这些射线的各个组成部分（通常是复数）是必须总和为 100% 的百分比，因为它们指的是在测试中找到或未找到可观测量的机会。为了**正则化**每个单独的坐标以使概率确实增加到 100%，诸坐标全部按相同的术语划分，实际上将坐标皆转换为齐次坐标。

阿拉文德发现，一个来自 19 世纪射影几何的图形，可以成为他思想实验的一个另类模型（专栏 8.4）。此外，爱丽丝和鲍勃的接收器可以重组以测量自旋方向的不同组合，而阿拉文德发现，如果做得恰当，其他四维多胞体突然出现作为量子纠缠的模型：正六百胞体，其中每个胞体是正四面体；正一百二十胞体，其中每个胞体是正十二面体。所有三种四维多胞体，都可用于提供贝尔定理的证明。阿拉文德说，"这暗示了四维和更高维射影几何与量子理论之间的联系尚未被完全挖掘或理解"（给笔者的电子邮件，2004 年 7 月）。

在量子信息理论的抽象态空间中，寻找四维多胞体是有趣的。这个态空间是射影的，也是迷人的。这些私通如何关联起来，以及这种关系可能对量子实在有什么进一步的了解，都还不为人所知。关于量子实在性质的猜测充满了危险，作为一个严谨的科学家，阿拉文德受制于勿言多于知。但我不是那么受限制，我尊重四维几何足以怀疑任何单纯巧合；阿拉文德的发现必然是关于我们的三维体验和我们的四维实在的本质的重要线索。随着越来越多的粒子被纠缠并无限期地保持在该状态，越来越多的可能性将发生，包括最终理解量子态的高维射影几何结构的可能性。

专栏 8.4　雷伊构型

1999 年，阿拉文德在波士顿科学博物馆中发现了 19 世纪雷伊构型（Reye's configuration）的模型。阿拉文德说，"那是我一生中最富有成果的博物馆之旅：在长时间盯着那个图形之后，我意识到它为贝尔定理提供了一个没有不等式的新证明的关键。雷伊构型是一组由 12 个点、16 条线组成的集合，它的性质是 4 条线穿过每个点，3 个点在每条线上。通过将 16 条线作为立方体的 12 棱加上 4 条对角线，得到了一个非常简单的雷伊构型模型。这些点被认为是立方体的 8 个顶点、它的中心和 3 个理想点。在射影几何中，这些理想点皆为无穷远点，在这种情况下，它们是立方体各棱的每一组平行线相交的点"（Aravind，给作者的电子邮件，2004 年；图 8.5）。

西奥多·雷伊（Theodor Reye, 1838—1919）研究的雷伊构型，也可通过将正二十四胞体从其中心投影到其八面体胞体而得。因此，到达爱丽丝接收器的 24 种可能状态也可被建模为雷伊构型。在所有可能的纠缠态中有两种正二十四胞体，彼此对偶：一种是从 4×4 矩阵的列中获取向量，另一种是从行中获得。这两种不同的雷伊构型，也相互对偶。现在可以在射影三维模型而不是四维模型中研究红绿着色问题（奇偶校验规则）。其结果同前：红色被要求用一个计数程序求和到偶数，也要求用另一个同样有效的计数程序求和到奇数。作为量子实在的模型，雷伊构型只能在决定如何开始计数之后才能建立点着色系统。

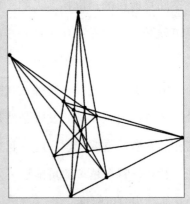

图 8.5　雷伊构型。这个离散几何图形由 12 个点、16 条线组成，4 条线穿过每个点，3 个点在每条线上

第9章 范畴论、高维代数与维度阶梯

　　关于方程式的尴尬之处在于，好的方程式不是真实的。数理物理学家约翰·贝兹（John Baez）用以下修辞论调震惊了他的听众：说 $x=y$ 就是编造一个矛盾修辞格，既可以是 $x=x$，也可以是 $y=y$，但 x 不完全等同（故等于）y，否则它就会有相同的名字。从事范畴论（category theory）工作的数学家通过修改等号来避免这种矛盾，这意味着有一个把 x 和 y 结合在一起的过程，要么有一个把 x 带到 y 的过程，要么有一个把 x 映射到 y 的过程。对象（源和目标）和态射（连接对象的过程）构成了这个数学世界：存在着多个点和连接诸点的箭头。态射（F）将源 A 带到目标 B；目标 B 本身就是另一个将 B 带到 C 的态射（G）的源，通过态射（FG）做出复合 AC。有了这种表述形式，很明显，A 不等同于 C，而是通过一系列复杂而精确的步骤将 A 与 C 连接起来（图 9.1）。

　　逻辑决定了采用这种复杂的方式，但是表述形式的力量在于它在显示从源到目标的不同路线方面的效用。贝

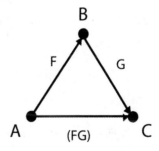

图9.1　方程的构造（解构）。A 与 C 由通过状态 B 的过程使其与 C 相一致

兹用加法结合律说明
了隐多重态 (hidden
multiplicities) 的可能
性：(2+3) +1=6，且 2+
(3+1) =6（图 9.2）。每
个加法序列都可以用一
条直线上的点来表示，
不同的方程以不同的方

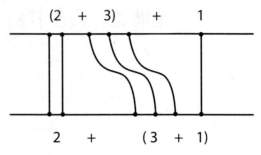

图 9.2　6 的两个结合分组之间的转换，被描绘在一个更高的维度——第二维。改编自 Baez（2004）

式将数字组合在一起。（贝兹策略性地选择算术的结合律作为例子，因为它将用于表示更复杂对象之间的交互作用。）从一个结合分组到另一个结合分组的演化，发生在上、下两条点线之间。点从上线移动到下线，在这样做时，它们从第一个态到第二个态刻出路径。人们为了清晰而付出的代价是增加一个维度，而最初的一维现象（直线上的点）现在是二维现象（连接两条直线上点的"世界线"）。

贝兹接着说明了附加元素 D 的进一步复杂性（图 9.3）。尽管左框的顶线和底线与右框相同，但贝兹指出，两者之间的等号肯定是没有保证的，因为左边的历史有四步长，而右边的历史只有三步长。因此，从起始位置到结束位置的简单等号（甚至单个箭头）将模糊这两种历史之间的区别。

重新考虑这张图，把左框想象成在右框的前面，在三维空间中用一段距离隔开（图 9.4）。这四个 A 都由平面连接，如同那四个 D 一样。然而，四个 B 通过一个连续曲面连接起来，四个 C 亦然。定义这个曲面的诸线在三维空间中扭曲，从而划出一个曲面。这种连续通道称为同伦，描述连续时间流的时空图要求使用同伦。这些同伦就像投

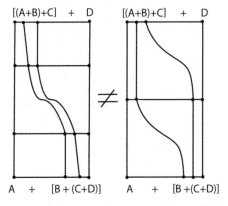

图9.3　结合分组的两种不同的演化。开始和结束都有相同的结合，但其历史是不同的，因为左框有两个中间步，右框只有一个。改编自Baez（2004）

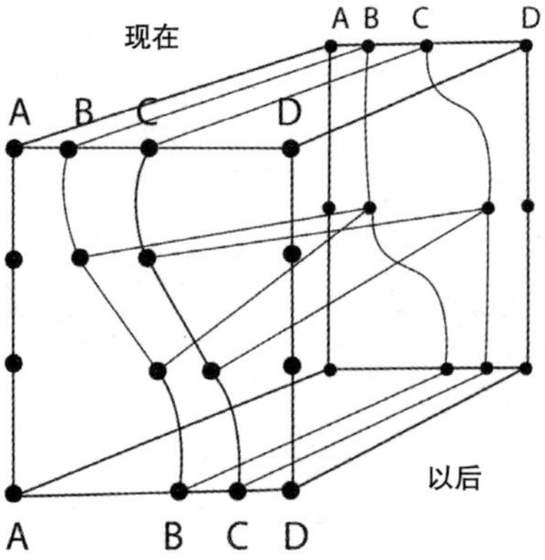

图9.4　将前两个历史组装成单一模型，需要一个额外的维度

影一样，因为所有的图形皆同时显示：起始位置和结束位置，以及中间的过渡步。同伦图（homotopy diagram）是从一个结合分组到另一个结合分组演化的静态模型。但是，有比这两种更多的方式来分组四个元素。

　　事实上，即使在这种简单情况下，诸元素也可以通过五种不同的方式组装起来。需要有一个符号体系来概括地表达这样的区别，由于一条由加号连接的简单数字线不能包含所有的可能中间态，所以它必须是一种图解符号体系。五边形用来说明这五个结合。五边形的底部（底座）是元素 A、B、C 和 D 的最终构造。五边形的对角线代表中间的结合结构。相加字符串中的更多元素需要更多的边到结合多边形，却只需要二维多边形来描述每一个可能组合（图9.5）。然而，需要在三维空间中绘制一幅图，以表明不同的结合都指同一个净结果：一个把 A 带到 D 的复合（图9.6）。

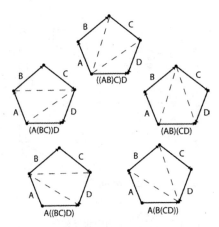

图 9.5　由多种复合结合四个元素的五种可能性。改编自 Baez（2004）

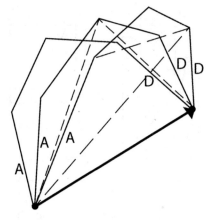

图 9.6　从 A 到 D 的三条可能路径，叠加在第三维中

如果有待组装的元素本身是一个更大维度的实体，那么同伦和图也必须提升它们的维数（dimensionality）。例如，若元素 A 和 B 都是二维圆，则**现在**每个元素都是二维曲面上这些圈圈的排列（图 9.7）。然而，每个圈圈的现在和以后，不能通过一条线连接，而是由二维表面（称为世界片）连接。这些管乐器在三维空间彼此缠绕编织而成。若有一个以上的方式从现在到以后编织，则这些多重可能性就必须在四维空间中考查。在四维几何中，两个平面可以通过不同的三维空间连接起来。

总之，有待结合的元素可以

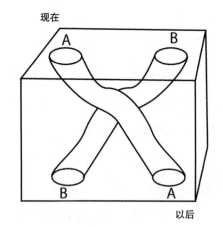

图 9.7　如果有待结合的元素是圆，那么从一个圆到另一个圆的转变就是管，编织在三维空间中。改编自 Baez（2004）

是不同的维度。在任何时候，这些元素（粒子、圆圈或空间）构成了一个比元素本身更高维度的空间中的模式。从一个结合分组到另一个结合分组的动态转移，在更高维空间中以静态模型表示。模式是瞬间切片，模式之间的路径是投影。多种中间结合皆有可能，殊途同归。高维范畴论的这种新兴表述形式，抓住并构建了这种多重性。

有些数学家认为类比无意义，但在外国，哑剧有时是唯一的沟通选择。范畴可以被认为是一种建筑学空间构架——一种跨越像"大盒子"商店之类结构的金属节点和杆的格栅。要做到刚性，空间构架的所有部件都必须连接起来；不仅每个节点必须有一根杆，而且必须有三根杆：由杆制成的所有形状都必须是三角形，所有三角形都必须是四面体的一部分。要想强健，所有杆的长度必须大致相同，强度也大致相等：如果有些杆比其他杆长得多，所产生的形状就会很尴尬，而且杆内的应变也不均匀。如果大多数杆是厚钢，少数是薄玻璃，空间构架就会在其最弱的环节断裂。在一级近似下，范畴论可能看起来像一种由相互连接的节点和杆组成的空间构架。

然而，如数学范畴那般抽象和动态的事物的一个更为成功隐喻，可将格栅结构的杆比作计算机软件，用箭头表示输入和输出的结构化路径。杆就是态射，即将源加工（即变型）成目标的广义函数，通过一个新的箭头将其本身变成另一个目标的源，从而导致这两个函数的结合。节点不必是单独的实体或数据项，而是许多本身具有大量结构的事物的集合。

当单个杆无法详细描述两个节点之间的联系时，这些概念空间构架就需要是高维的。连接源和目标的途径可能不止一种，例如，从一个到另一个的中间步可以不同的顺序进行，但是交付相同的结果。一个三维空间构架，当从四维角度看，会揭示多个胞体——隐藏在三维视图中——堆放在另一层之上。也就是说，每一个连接杆都有四五个杆在后面排列，只有从四维空间侧面看结构，才能看到隐结构（hidden structure）。

建筑学空间构架的效用有限，根据定义，它们是重复的、单调的、实用的，只适用于少数几种建筑物。同样，具有刚性三角结构（即**神经**）的强数学范畴不允许各种应用，即使它们是多维的。当前的努力是"削弱"范畴，数学家的意思是通过使范畴更加灵活、开放来加强它们的相关性。至少有十种不同的方式可以做到这一点，分为几个一般策略：前提是一些杆可被遗漏；不同形状的胞体可被引入结构中；两个点之间可以做出多个连接，即这种关系是一种等价（equivalence）而非恒等（identity）的关系。

一般来说，年轻的数学家愿意放弃三角胞体结构（来自代数拓扑学），而选择更为球形的结构。不同维度的球状体可以粘在一起，每个球状体代表着从源到目标的各种路线。诸胞体塌陷成线的收缩特征，是更直观的球状胞体结构。于是，绘制的图更像生物学结构，而不是空间构架。这些数学家认为，球状胞体方法可以建立更灵活结构的更抽象直觉，但仍然保持所需的严格的表述形式。[1]

高维代数（higher-dimensional algebra）和范畴论涉及的另一个数学主题，是局部到全局问题（local-to-global problem）。虽然下面的例子不是这个数学史的一部分，但是局部到全局问题可以由埃米尔·迪尔凯姆（Emile Durkheim）的《自杀论》一书（1897 年）来说明，他在书中主张与人类个体无关的"社会事实"的现实。精神病学也许能列举出那些有自杀风险的个体，但没有人能确切地预测谁会自杀。总是存在自由意志和机会：也许在公共汽车上的偶遇可以改变人生。然而，总的来说，一个社会的自杀率（全局实体）是非常稳定的。很明显，社会是由个体组成的，但自杀率是整体而非个体部分的函数。物理学也有一些实体，如熵，它们是整个系统的性质，似乎有别于个体部件的组装。

罗尼·布朗（Ronnie Brown）是高维代数的早期研究者，他强调了其数学的局部到全局性质："（存在）代数结构，使人们能够用个体部分的行为来描述至少一些复杂系统的行为。"布朗的直觉是，数学系统中的局部到全局性质最好通过用**广群**（groupoids）而不是群（groups）来分析那个数学系统来揭示。**广群**，一个在 1926 年为其他目的而发明的术语，是指其元素可以通过多条路径和具有中间步的路径（即链接）连接起来的数学群。广群具有源、目标、态射和结合等词汇。由于广群允许从对象到对象的路径是结合，它们导致了对结构和关系的细分的研究："部分由于这个原因，广群对'局部到全局'问题有着强大的应用。"布朗发现，广群可以用图解法来说明连接的同时多重性（simultaneous multiplicity）和可以将一种元素带到另一种元素的不同系列的链接（Brown and Porter 2001，34 页）。

有时，范畴论类似于射影几何。给定一个诸点和它们之间连接的模式，我们可以构造从一个点（称为余极限）的投影（称为余锥）。唯一的规则是，余锥的箭头是交换结合，也就是说，箭头的作用就像向量：两个箭头相加，为第三个箭头。一旦建立，进程就可以将这个点（余极限）带到另一个位置（图 9.8）。利用余锥的每条原始投影线和两

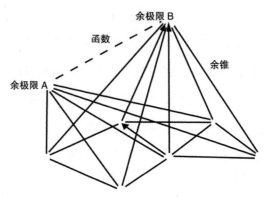

图 9.8　一个函数携带余极限 A 到余极限 B，允许构造一个与原来类似的新的余锥。改编自 Brown and Porter（2003）

个投影点之间的直线作为三角形的两边，可以将原来的点模式重构为另一个投影。布朗既欣赏艺术家，也钦佩数学家，他们能想象出抽象的概念（专栏 9.1），他用一个具体例子进行了说明。假设点的模式是电子邮件的文本。当电子邮件被上传到互联网上时，不同的服务器都会接收该消息的一部分，甚至是不连续的随机部分；然后，这些部分

专栏 9.1　布朗哲学中的可视化与计算机算法

罗尼·布朗致力于视觉文化是数学的背景这一命题。他热情地谈论那些把数学作为艺术内容的艺术家。他使用计算机可视化来表达数学思想，并致力于利用这些可视化将数学带给公众。布朗称赞计算机可视化是数学直觉的指南，他还赞同这样一种观点，即计算机能够快速处理大量数据，因此在寻找猜想的反例方面是有用的。然而，布朗也提出了一个更有趣的命题：拥有这样强大的工具，肯定会对数学思维产生微妙的影响。数学家可能会过早地寻找算法，以便能够使用这样一个奇妙的工具。虽然将想法具体化成计算机程序并不错，但布朗强调，数学直觉是关于结构的，而不是逻辑连续性。他认为，当给去火车站的人指路时，人们会给出一般的、全局的步骤，并在精神上跳过使这条路不连续的人行道上的裂缝。

连同发送该部分的位置和抓取方式的信息一起发送到其他服务器，这样消息就可以重新组装成其原来的形式。"请注意，"布朗说，"在分解消息以及如何通过服务器发送消息方面存在任意性，但是系统的设计使得接收到的消息独立于流程的每一阶段所做的所有选择。将电子邮件系统描述为余极限可能很难精确实现，但这个类比确实表明了重点：关于多个独立部件的合并，以给出一个工作的整体，尽管在中间阶段有选择，但它产生了精确的最终输出。"（Brown and Porter 2003，第 2 部分）

也许布朗的电子邮件示例可以内插，这样基集就是 ASCII 字母表（图 9.9）。于是，余锥将是产生有意义信息的字母表的机器编码的子集。用射影几何语言，发送的电子邮件是点列，而传入的电子邮件是原始点列的射影变换（projectivity）。射影变换保持有意义的点列内的

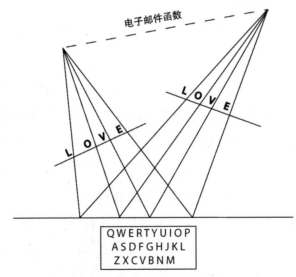

图 9.9　作为余锥的电子邮件信息

性质，无论它们如何反弹：射影变换独立于它们可被放置的任何坐标系，也独立于任何投影点的选择。唯一的要求是，两个构成射影变换的透视图在它们的公共线上交会于点列。在本例中，公共线是 ASCII 字母表。正如布朗所暗示的，电子邮件的类比可能把一个点拉得太远了，而这种内插或许会使人们更远离范畴论。然而，在局部细节中保留全局信息的努力既是射影几何也是高维代数的数学特征。

虽然高维代数和高维范畴论会在计算机科学、逻辑和神经科学等领域得到广泛的应用，但最重要的应用将是可被量子事件（quantum events）刻画的空间结构。其目标是在相对论（在同一时间、同一地点多个空间的研究）和量子力学（在同一时间、同一地点多个物质状态的研究）之间架起一座桥梁。已经有过几次优雅的尝试，包括贝兹的一次尝试，试图构建"量子泡沫"（quantum foam），一个总体上类似于规则空间的自构造量子空间。本章的重点是斯科特·卡特（Scott Carter）、刘易斯·考夫曼（Louis Kauffman）和斋藤昌彦（Masahico Saito）在这一领域的工作。

这些数学家从切片法开始，然后进行投影。他们的第一张图是前后并排的（图 9.10）。从左向右移动，线 B 被连接到线 A，在穿过一个中心顶点之后，它将与线 C 分离。在下一幅图中，**电影动作**（斯科特·卡特的术语，指不断演变的现象中的一系列剧照）显示了两幅树形图中作为连续统的步骤从左向右推进的顺序（图 9.11A）。从上到下解读画面时，可以看到一条线（从树形图中称为线 B）顺时针方向移动，首先进入顶点，然后继续穿过顶点分裂成两条线 B 和 C。水平系列的树形图和垂直系列的电影画面，都表示同一个事件。然后，卡特、

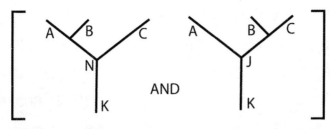

图 9.10　树形图显示系统在并排图中的演变。左至右：线 B 连接线 A，然后线 ABN 连接线 K，最后分割成线 B 和线 C。换言之，线 B 与线 A 相关联，然后经过一个紧要关节，与线 C 相关联。从左到右，也从右到左解读这些树状图，显示了紧要关节处的两个截然不同的历史，所以点 N 与点 J 不一样。改编自 Carter，Kauffman, and Saito（1997）

考夫曼和斋藤介绍了这一事件的静态模型（图 9.11B）。诸线的运动表现为片（sheets），仿佛这些线的错位在空间中留下了痕迹；这些世界片（worldsheets）被安置在三维空间中。这个过程所获得的优势，与投影在切片上的优势一样：整个图形是同时显示的，这样就可以始终保持各部件的连通性。考夫曼在另一种语境下指出，"有时我认为数学是一种自我设计为了消磨时间的事业。无论你是从时间过程还是时间序列开始，到你用数学术语表述你的数据和问题时，时间已经消失在结构之中"（《时间、虚值、悖论、符号和空间》，第四部分）。

考虑电影的中间画面，与世界片图的中央做比较。电影画面描绘了这三条线在一个公共顶点相交的时刻，而世界片图的中央描绘了三个平面在一个点上相交的空间位置。以类似于霍万诺夫同调（Khovanov homology）中鞍面的运行方式（专栏 9.2），世界片相交可被认为是影响诸线的位置变化的机器。在本例中，使世界片向下移动可以顺时针旋转原来的线 B，而使世界片向上移动则逆时针旋转线 B。同样，树形图可以从左到右或从右到左解读。交点是不稳定的"紧要关节"，它可用这两种方法之一加以"平滑"。

接下来，紧要关节被定义为三个平面的交点；世界片被展平和成平形（图 9.11C）。最后，三位作者构建了围绕紧要关节的空间。一个四面体在三个相交面的对偶上建造，它包含了紧要关节（图 9.11D）。现在所有的元素都出现，来构建一个量子事件的空间。树形图的原始线条皆指粒子的路径，而树形图就是费曼图（Feynman diagrams），由物理学家理查德·费曼（Richard Feynman）发明，用来显示粒子与其融合和分裂之间的相互作用。费曼图的世界片及其在更高空间中的扩展，同时显示了它们的多重态和多重可能演化。跃迁被安置在与紧要关节对偶的几何结构中，而在大型聚集体中，这些对偶四面体结构看起来就像空间。

这种由粒子相互作用而形成的空间结构是与背景无关的，包含了

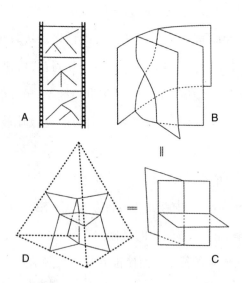

图 9.11　（A）线 ABN 先前演变的电影动作；（B）同一事件的世界片静态模型；（C）奇点（发生关联变化的紧要关节）处的三个平面；（D）围绕紧要关节处建造的对偶四面体。来自 Carter, Kauffman, and Saito（1997），经许可使用

专栏9.2 霍万诺夫同调

霍万诺夫同调描述了三交叉纽结（three-crossing knot）到平凡纽结（unknot）的变换（图9.12）。这个纽结是生活在三维空间中的一维对象。它的交叉可以取消，一次一个，通过向上或向下穿过拼成结的鞍面将纽结切除。每个交叉被认为是这个鞍面的紧要关节；向上移动鞍面使交叉变成垂直开口，向下移动鞍面则把交叉变成水平开口。因此，鞍面是这两种未交叉（uncrossings）的同伦。为了实现每一项更改，这个解结功能被从一个位置剪掉，移到另一个位置，然后移到第三个位置。尽管无论采取哪种路线，起始位置（最左）和结束位置（最右）都相同，但行程并不等同，需要一个立方体图来容纳不同路线的所有不同序列组合。因为有三个交叉，立方体的三个垂直轴中的每一个都代表了在鞍同伦（saddle homotopy）中剪接顺序的不同起点。这三个步骤中的每一个，都会引出两个可能的后续步骤。因此，从起始位置到结束位置有六条可能的路线，就像沿着立方体的棱从一个顶点到它的对立顶点有六条不同的路线。因此，一维纽结的演化由二维面（鞍）上的移动来描述，而二维面上的所有运动序列的目录则由三维图（立方体）来描述。

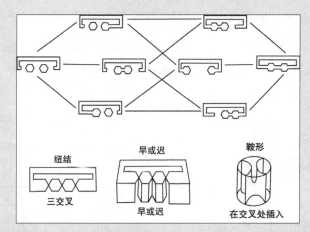

图9.12 霍万诺夫同调。通过将拼接好的鞍形插入交叉，可以将纽结的三个交叉中的每一个都解交叉（即平滑）。从紧要关节向上或向下移动鞍形，会不同地平滑那个交叉。因此，从具有三个交叉的有待打结状态（在立方体图的左边）到有待解结状态（在最右边）有着不同的历史。改编自 Bar-Natan（2003）

彭罗斯自旋网络（Penrose's spin networks）的目标。三位作者认为，
"（我们）构造的网实际上是一个抽象的结构和一个纯粹的组合结构，
它编码了三维空间拓扑的某些方面，但并不（严格地、逻辑地）假定
三维空间或三维流形的先验存在。……我们继续使用彭罗斯纲领，因
为我们正在研究广义自旋网与三流形和四流形拓扑的关系。我们希
望四流形拓扑最终将与空间、时间和量子引力问题相结合"（Carter，
Kauffman，and Saito 1997，33—34 页）。对偶四面体是粒子相互作用
的抽象空间，即以彭罗斯姓氏命名的自旋网。但是，什么是空间，如
果不是抽象物，也许它就应该被称为**空间**。

　　此外，还有一个从紧要关节转变的精确目录。通过观察对偶四面
体的各面，可以看到潜在事件（世界线）的结合性（associativity）。帕
赫纳移动（Pachner moves）是改变结合性过程的编码化（图 9.13）。
这些移动是以率先研究它们的德国数学家乌多·帕赫纳（Udo Pachner）
的姓氏命名的，他根据一系列可能性改变与相互作用对偶的三角形。
也就是说，每一组代表粒子相互作用的三条相交线被一个三角形包围。
当这个三角形被一个帕赫纳移动旋转时，受改变的图片显示了一个不

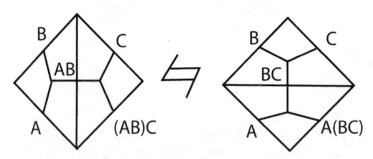

图 9.13　帕赫纳移动显示了结合演变为双三角形对偶图形的二维旋转。这两个双三角形
图形可以认为是同一个三维四面体的不同视图。改编自 Carter, Kauffman, and Saito
(1997)

同的结合：一组不同的路径，从而产生不同的交互作用或历史。卡特、考夫曼和斋藤注意到，这些二维帕赫纳移动可被看作一个刚性（三维）四面体的旋转；这个高一维对象持有在单个对象中所有的可能二维帕赫纳移动。接下来，他们将二维帕赫纳移动扩展到三维和四维。他们使用任何高维四面体的旋转来记录相应世界片的合法演化。当潜在粒子相互作用的结合性重新排列时，帕赫纳移动将时间的推移（以及时间带来的结合性的变化）转化为高维空间中的旋转。

三维帕赫纳移动注意到了四个潜在世界线的结合性中的变化。就像二维帕赫纳移动的三角形一样，三维帕赫纳移动的四面体胞体也是维度显微镜（dimension microscopes），允许人们从空间的更高维度中窥视。各种可能的三维四面体移动，可以解释为四维四面体的不同旋转，即四维单形（4-simplex）。在一张令人震惊的信息丰富的图中，卡特、考夫曼和斋藤将树形图的演变表现为结合性五边形（图9.14）。他们略过一些步骤（如图9.11B—C所示），其中的树形图被表示为互相传递的世界片，其中对偶单形被解释为围绕奇点（多

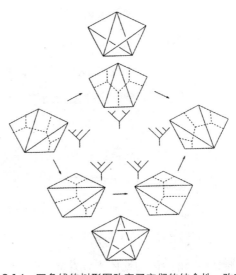

图9.14 四条线的树形图改变了它们的结合性，改变了它们的对偶四面体。四面体的这些变化可以看作四维单形的旋转。此图表示与图9.5中相同的信息。引自Carter, Kauffman, and Saito（1997），经许可使用

重交点）。尽管如此，结合五边形现在可被看作（四面体中）三维帕赫纳移动的集合，而结合的演化是四维空间中整个四维单形的旋转，一种向观者呈现不同四面体胞体的旋转。（维度的升级可以继续；专栏9.3。）当然，这种图的威力取决于观者对四维单形的熟悉程度。开始的观者会认识到，星形是四维单形的投影，其他视图的多样性是不同的组成四面体胞体。在关于范畴论的讨论中，有许多人谈论数学直觉作为新表述形式的指导，但在这项工作中，高维图形的可视化也经常出现折扣。数学直觉往往**就是**形象化。卡特、考夫曼和斋藤如果没有对四维几何的内化视觉理解，就不可能在数学思维上取得这样的飞跃。

范畴论不断演变的表述形式，有助于这些高维自旋网的发展。以范畴论的语言，粒子的模式是对象，其演化的静态模型（它们的射影）是态射。随着人们向上攀缘维度阶梯（dimensional ladder），具有投影的投影，态射的态射是有用的，它们可以比原来的投影本身更直接的方式相互关联。范畴论可以直接支持对这些态射的态射（二维态射）的讨论，并给出更高层次抽象的结构。

冒着混合类比的风险：在纽约，某人可以坐上城区列车，然后乘公共汽车穿过城镇，或者，某人可以乘公共汽车穿过城镇，然后乘上城区列车。这两次不同的行程，在相同的时间内都有一次。为了明确它们是平等的选择，每条路线都可以画在一块单独的玻璃上，然后两者都放在纽约市的地图上。这些公共汽车和列车的选择适用于各种各样的起点和终点，也适用于网格上有交通系统的其他城市。因此，玻璃堆（stacks of glass）是导航网格状交通系统的通用算法。

专栏 9.3 高维帕赫纳移动

在第四维中，帕赫纳移动提升所有的组件（图 9.15）。五条世界线纠缠在一起；五个世界片相交，形成一个五重奇点（fivefold singularity）；五维单形在形成自旋泡沫（spin foam）的单位这一点上是对偶的。维度显微镜是四维单形。变换工作的引擎是四维帕赫纳

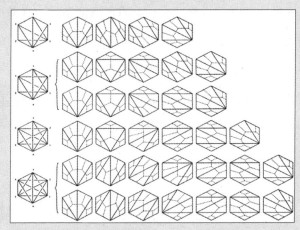

图 9.15 第四维中的帕赫纳移动。引自 Carter, Kauffman, and Saito（1997），经许可使用

移动，这些移动被安置在五维单形的旋转中。在较低维情况下，由立体的结果计算出的维度阶梯给出了对那些结果的信心。

与低维的情况一样，个体线元素被认为是下一个高维系统中诸向量的整体空间。卡特、考夫曼和斋藤指出，"在这种背景下，结合性不再是元素之间的平等，而是向量空间之间的同态（homomorphism）"（1997 年，67 页）。卡特、考夫曼和斋藤继续使用了好几个冗余法（redundant techniques）。以冗余形式重新叙述结果，提供了进一步的信心。（这项工作证实了路易·克雷恩和伊戈尔·弗伦克尔 1994 年的工作。）然而，与一些先辈不同的是，卡特、考夫曼和斋藤通过详细描述各种结合图，表明这些图形可以解释为四维帕赫纳移动，而这些移动是五维单形的旋转，给出此主体的图解和最终几何意义。他们的几何方法有一种发自内心的空间感：它感觉就像空间。它是一个足够丰富的空间，足以容纳量子事件的多重性（multiplicity），而不是物理学戏剧所演出的预先存在的舞台。

　　在通常选择先横后纵行程，而不是先纵后横的行程顺序上，可能会存在细微的差异；也许乘客身上的一些个性侥幸被揭示在元结构中，否则就会隐藏在奇异的"下城到上城"的历史中。或者，在**何时**选择每一种出行方式方面，也许会有细微的不同：几何学家意识到，在高峰时段，最好先等公共汽车，才能乘坐不那么拥挤的上城区特快列车，而统计学家则认为作为一般车流的一部分更为舒服——盘算大部分资源将分配给最常用的路线。多层结构可以定义模式的多重性，揭示隐结构。谁知道呢，连那个变形也可能与这个类比有关；去上城总是会改变我。

　　自旋泡沫的前景，是将从过去到未来的多条路线建在一个高维建筑中。其目标是保持关于这许多路线的多重性的信息。此外，它要平等对待所有路线——已选取的路和未选取的路——因为有量子现象，并不总是清楚哪条路是选取的，甚至几条路被同时选取。详细说明路线，详细说明路线交叉和路径切换时的紧要关节，需要攀登维度阶梯。它还意味着，把时空看作一个投影。

第 10 章　四维几何中的计算机革命

研究达·芬奇（Leonardo da Vinci）作品的历史学家马丁·肯普（Martin Kemp）称自己是一位视觉历史学家。这个术语恰如其分，因为它包括技法绘图以及科学和数学建模与艺术，它暗示着这些看似不同的认知方式之间的关系。技法绘图是艺术、数学和科学赖以生存的基础。由于计算机图形学的发明，自文艺复兴时期透视法发明以来，技法绘图呈现快速发展。四维图形是最早在计算机上绘制的对象之一。但是，技术革命并不是由机器本身引起的，而是由个体的男人和女人创造的。下面是其中一些人的故事。

电气工程师迈克尔·诺尔（Michael Noll）使用穿孔卡输入了他的计算机生成的超立方体程序的坐标，这说明在计算史的早期，第一次使用新媒体来可视化四维图形。诺尔作为一名暑期实习生来到贝尔实验室，他的奋斗目标是最终成为这个独特设施的一部分，被聘用，并最终在 1962 年与令人敬畏的研究部门建立了联系。在 20 世纪 60 年代初，在威廉·贝克（William Baker）和约翰·皮尔斯（John Pierce）的开明领导下，贝尔实验室是一个欣赏艺术与数学协同作用的地方。例如，一些第一批计算机音乐是在贝尔实验室创作的。诺尔说，"在 20

世纪 60 年代，贝尔实验室非常重视教育艺术家和音乐家使用计算机的潜力"(Noll 1994，43 页)。

诺尔一直对艺术感兴趣，1962 年，他利用贝尔实验室提供的自由，用新型电脑"缩微胶片打印机"制作艺术品。1960 年，世界上只有两台 Stromberg-Carlson SC4020 打印机：贝尔实验室有一台，利弗莫尔实验室有另一台。这些是阴极射线管（就像电视显像管），里面有一个带有字母的金属板。首先，计算机选择一个字母打印，并指示显示器通过开口处照射它的光束，然后它偏转该字母到它在屏幕上的正确位置。在页面的末尾，胶片自动从屏幕上拍摄下来。贝尔实验室的科学家很快就明白，缩微胶片打印机可以修改为在屏幕上打印 x 和 y 坐标，以显示科学信息，图形计算机应运而生。诺尔意识到，这些微缩胶片的一系列底片可以是一部动画片。肯·诺尔顿（Ken Knowlton）和斯坦利·范德比（Stanley Van Der Beek）用这个设备制作了第一部电脑制作的抽象电影。这个想法又回到了诺尔；他想要制作三维计算机图像的动画，可以被看作立体图像对，但又是关于什么呢？早些时候，他做了一个模仿蒙德里安（Mondrian），并把它比作一个真正的蒙德里安，但这似乎并不是一个正确使用这个强大新工具的方式。数学家道格拉斯·伊斯特伍德（Douglas Eastwood）建议使用这个装置来制作超立方体的图片；莫汉·索迪（Mohan Sondi）则用方程协助。因此，在同事们的帮助下，诺尔在图形计算机发明几年后，就用计算机生成了旋转超立方体的动画。这项工作，及其背后的数学，首次发表在《计算机械协会通信》（1967 年）上，随后被转载和多次引用。

索迪和诺尔建立了旋转和投影超立方体的两个矩阵乘法。平面上纸板正方形的旋转，可以定义为取该平面上的每个二维顶点，并将其与从一个方便的坐标系取来的旋转角度的正弦和余弦矩阵相乘。两位作者看到，这也可能是一个三维旋转，在这个旋转中，第三维不变：x转到一个新的x，而y转到一个新的y，但z是相同的老z。这个过程可以持续到第四维：w是相同的老w。但是，在矩阵中有额外的维度允许不同角度的组合保持不变，而其他的旋转xy、xz、xw、yz、yw和zw都是四维空间中的合法组合（旋转）。同样，他们意识到，界定将三维对象投影到二维平面的矩阵，可以从四维到三维菊花链到二维计算机屏幕。诺尔不断报道他的失望之处：即使有了这些旋转和投射的动画电影，也没有获得"深刻的'感觉'或对第四空间维度的洞察力"（Brisson 1978，156 页）。然而，他们发展起来的四维旋转和投影的数学，成为接下来大部分工作的标准。

诺尔一直致力于四维图形的可视化，直到 1971 年离开贝尔实验室。他开发了一种棱镜装置，使观者不必交叉眼睛来融合超立方体的立体图像。他把字母放在超立方体的各面，这样人们才能更好地理解四维旋转。最重要的是，他制作了一个交互式的旋转超立方体。诺尔还制作了一个计算机生成的四维球面，即超球面。表面上的点等同于球面，内部的"流体"随着旋转而翻卷，当旋转是四维的时，对象会向内翻转。诺尔的作品，被认为既是艺术又是数学。1965 年，他的几幅计算机生成的图像在霍华德·怀斯画廊展出，包括纽约现代艺术馆在内的好几家博物馆收藏了超立方体动画的复制品。

赫因茨·冯·福斯特（Heinz von Foerster），一位著名的控制论早期研究者，开始了他作为知觉生理学家的职业生涯——他是让·皮亚杰（Jean Piaget）的追随者。就在 1971 年诺尔离开贝尔实验室的时候，冯·福斯特开始了一系列的实验，以测试受试者是否能够学会使用交互式计算机看到第四维。冯·福斯特最初的动机是利用学习把第四维度看作婴儿学习看第三维度的模式。受试者通过立体观察器，让每只眼睛都能看到一个稍微不同的超立方体；他们可以通过转动旋钮旋转超立方体，并立即在电脑屏幕上看到结果。冯·福斯特的研究之所以令人信服，是因为作为一名社会科学家，他对来自受试者的逸事报告并不满意；相反，他想要一个可量化的协议。根据冯·福斯特的定义，当受试者符合以下标准时，他们就学会了看到这个四维对象："对合法的四维操作的结果毫不惊讶，可以发现图形中的不一致之处……可以在四维空间内执行任务，可以预见在四维空间中旋转的结果……可以在另一个对象背后操纵一个对象进入四维空间，如同在'超躯体立方体'中一样。"冯·福斯特的书面报告以资金建议的形式出现，描述了可以开展的工作。但这些报告都是事后的，实验已经开始了。冯·福斯特后来告诉我，"一遍又一遍"只花了一个学期，学生们就按照他严格的定义学会了看四维对象。虽然相对模糊，特别是与诺尔的广泛讨论的胶片相比，冯·福斯特的工作对当时反文化（counterculture）中也做出的更高维度愿景的声称赋予相当大的学术庄严。

托马斯·班乔夫是一位不懈的倡导者，他主张使用计算机来可视化第四维度。20世纪70年代末，他与计算机科学家查尔斯·施特劳斯（Charles Strauss）合作的早期工作，比诺尔的开创性工作有了许多改善。施特劳斯构建了一个可以同时执行众多计算的阵列（即并行）处理器，因此，它可以在不到三十分之一秒的时间内算出一个完整的新超立方体，这意味着计算机屏幕可以寻常电视机的速度每次刷新一幅新的旋转图像。人们对班乔夫的电脑有一种敏锐的反应；只要碰一下，超立方体就会抖动。紧要关节——例如，胞体从线上旋转时——可以被重复、来回地旋转，直到这些奇特的事件开始看起来正常，观者形成了一种四维旋转的直观"感觉"。于是，班乔夫和施特劳斯成功制作了第一个高维图形的实时计算机交互显示。事实上，班乔夫正确地推测，实时比立体更加重要。即使是独眼的人也能很好地看到空间，通过转动头部来学习深度感知，在空间中移动或观察物体在空间中的移动。

　　班乔夫还引入了体心旋转（body-centered rotations）。如前所述，在四维空间中，当一次取两个轴来选择发生旋转的平面时，诺尔和 T.P. 霍尔的数学描述了六种可能旋转。这些旋转被称为世界旋转（world rotations）：四维对象和观者都在同一个坐标世界中。但是，如何描述喷气战斗机的故意滚转机动，或失控飞机的倾翻纵摇或针轮偏航呢？这些旋转很容易定义，若诸轴都是飞行员的轴（一个与机身相连的坐标系），但是从地面上的坐标系来定义它们则很复杂。它们**看上去**截然不同于世界旋转。在四维中，体心旋转是怪异的，只有使用这两种旋转才能揭示四维图形的全部惊奇和魔力。体心旋转的编程要复杂得多：必须保存所有旋转的概要，或者必须计算这个矩阵的逆矩阵，或者在计算和绘制每幅图像之前必须保持几个旋转的运行概要的分离和查询。但是，所有的十二个旋转（六个体心旋转和六个世界旋转）对于理解至关重要。

　　班乔夫和施特劳斯的电影《超立方体：投影和切片》（为清晰起见胞体为彩色）发行甚广，影响巨大。由于超立方体在四维空间旋转，然后投影成三维，经常因震憾人心的变换而饱受赞美，因此电影的切片部分往往被忽视。但是，对于这两种超立方体不同的低维表现形式并没有做出，也无法想象更清晰的区分。在早期的通俗文献中，切片（slicing）和投影（projection）这两个词几乎可互换使用，甚至在今天，这种区别的重要性也常常被忽略。班乔夫和施特劳斯的这部电影在制作 25 年后仍在发行，尽管在技术上看上去已经过时，但它仍然是理解高维空间投影模型和切片模型之间区别的最好方式。[1]

　　班乔夫和他的许多弟子，都生逢其时。在 20 世纪 80 年代，随着这个高维可视化项目成为布朗大学数学系（班乔夫在那里担任了多年的系主任）研究工作和课程的一部分，计算机设备方面的两项重要进展变得广泛可得：数字彩色屏幕和个人计算机。首先，数字彩色屏幕允许表面（而不仅仅是线），可用计算机进行数学描述。计算机可以用透明颜色填充这些表面，使表面的重叠变得清晰。结果之一，是研究了四维空间中的超球和相关表面。其次，具有相当于或大于一台房间大小主机的计算能力的个人计算机的出现，大大加快了发展。

　　四维球面被定义为距一个点有给定四维距离的所有点，就像三维空间中的普通球面被定义为距一个点有相等的三维距离的所有点。班乔夫指出，超立方体的顶点乃是这个超球面的诸点，人们可以对超立方体进行分面细分，使超立方体平面化，以接近超球的表面。每个分面都可以用不同的颜色填充，最终使表面显得完全光滑。在中心透视投影中，超球貌似嵌套环面的一个立体集合，如同在中心透视投影中，超立方体形如一个具有立方体的立方体。任何环面的表面都隐藏着大量的结构，超立方体的表面亦然。通过对选定的环面（具有霍普夫圆）的表面进行叶化，"内"表面皆可见。托马斯·班乔夫、戴维·莱德劳（David Laidlaw）、胡塞宁·库萨克（Huseinin Kocak）和戴维·马戈利斯（David Margolis）制作的那部有影响的电影《超球：叶理和投影》（1985 年）表明，通过在四维空间中旋转叶状结构，环面的位置可以反转，表面可以向外旋转。由班乔夫和戴维德·塞尔沃纳制作的新的图像和动画，继续研究超球（图 7.9）。班乔夫说，"超球面上霍普夫圆的集合是最迷人的高维图像之一。更复杂的数据集会产生更复杂的轨道，导致纽结曲线和在一定时间后不会闭合的曲线。正是通过将这种复杂系统与霍普夫圆的集合进行比较，研究人员才能开始可视化那些更微妙的关系"（Banchoff 1990，137 页）。

班乔夫多年来所做的数百个介绍性讲座中，通常首先讨论他小时候看的漫画书中提到的第四维度。[①] 事实上，在他大学初期，第四维度仍然被认为是孩子的玩意儿，而"真实数学"（real math）则包括微分几何或复分析。这是班乔夫的遗产，经过几十年的集中、愉快的努力，真实数学现在包括计算机研究及高维多面体和表面的可视化。

掌握四个空间维度几何的努力是国际性的。宫崎兴二（图版 1）注意到日本数学家菊池大麓（Dairoku Kikuchi）写了一篇名为《平面国导论》的文章，讨论了艾勃特的《平面国》（1884 年）在英国出版四年后四维立方体的性质。曼宁的《第四维度简释》（1910 年）在1922 年被翻译成日文。同年，新近获得诺贝尔奖的爱因斯坦访问了日本，他的访问引起了日本科学家、数学家和小说家对第四维度的兴趣。在接下来的十年里，其他关于四维几何的重要文献被翻译成日文。

虽然布里尔模型是在 20 世纪 20 年代引入日本的，但直到 1970 年

[①]《平面国》的十几个英文版本中，普林斯顿大学出版社 1991 年版本的导言即为班乔夫撰写。

宫崎兴二给日本图形科学学会就此主题提交了第一篇论文，才有人在日本从事四维图形的技法绘图。那篇文章配以宫崎用手画的四维图形插图。这个演讲引起了轰动，它为宫崎赢得了一个奖项和一系列先后享有盛名的学术任命，通过这些任命，宫崎可以与许多计算机科学家、数学家、物理学家和艺术家合作。（他的学术任命有不同的头衔，从画法几何和图形科学教授到环境设计教授。）宫崎出版了九本书和七十多篇论文，他的学生，包括物理学家山口哲（Satoshi Yamaguchi）在内，也硕果累累。多年来，宫崎一直是一位数学报纸专栏作家，同时也是国际期刊《超空间》的主编，该杂志有英文和日文文章。

正如诺尔几年前的工作，宫崎的四维研究变成了一个研究问题，刺激了计算机图形算法的发展，从而促进了计算机图形学的发展。宫崎最初是一名建筑师，一直在研究将四维几何应用于建筑的可能性。科克塞特把第一批准晶镶嵌归功于他，这些准晶镶嵌是作为穹顶结构予以研究的。通过他的大量努力，高维形态的计算机研究在日本有了很强的追随者，由此产生的可视化能力在四维的几何和拓扑方面产生了过硬的工作。

我曾在其他地方写过，1979 年夏天，看到班乔夫的超立方体实时电脑显示对我产生了深远的影响。我在绘画中使用多个视角将观者同时放置在几个位置上，正如《1979—8》（图版 3）作为超空间的一种描绘，但我对四维几何的痴迷和理解随着我对班乔夫电脑的体验而大大增加。第二年春天，赫伯特·泰瑟（Herbert Tesser）当时是普拉特学院（Pratt Institute）计算机科学系的主任，他的勇气和参与使我从事了计算机编程的研究，其唯一目的是复制班乔夫的计算机。泰瑟从国家科学基金会获得了大型计算机的资助，它规定计算机可以提供给更大的社区，而不仅仅是普拉特，泰瑟很高兴能让艺术家在他的计算机实验室工作。在没有编程背景的 15 周内，我的屏幕上有一个旋转的超立方体，呈现所有 12 种不同的旋转方式。次年，在科克塞特的通信帮助下，我制作了第一个在四维空间中旋转的超立方体镶嵌（图 10.1）。就像我的孤独超立方体，这些镶嵌会实时旋转（带有一些抽搐），也依赖于红色和蓝色的墨镜来提供立体观看。到了 1982 年，个人电脑已经足够先进，能够像大学部门使用的价值百万美元的 VAX 电脑一样快地完成某些任务，这样我就可以继续从事高维空间的计算机建模工作。当时，电脑是开放式底盘设备，可能是热门的自定义显卡和更快的水晶定时器。后来，这些早期的硬件专用程序被库尔特·鲍曼（Kurt Baumann）转换成通用版本；这些版本随我的第一本书《四域：

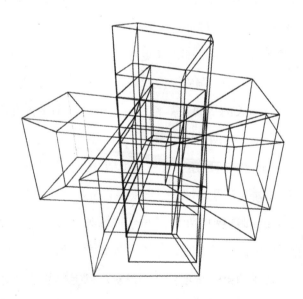

图 10.1　九个镶嵌超立方体，引自我 1982 年的计算机程序《超超》（Hypers）

计算机、艺术和第四维》（1992 年）以免费软件的形式发行，并在 20
世纪 90 年代初发布在公告板上。在物理学家保罗·斯坦哈特（Paul
Steinhardt）的帮助和建议下，我还编写了生成准晶的德布罗金算法，
并在 1992 年向公众展示了旋转准晶的多重对称性。

　　技法绘图的下一个重大发展，乃是 1992 年由伊利诺伊大学芝加
哥分校电子可视化实验室的汤姆·德凡蒂（Tom Defanti）、丹·桑迪
（Dan Sandi）、马克辛·布朗（Maxine Brown）和卡罗琳·克鲁兹 -
涅拉（Caroline Cruiz-Niera）发明的"洞穴"（Cave）。第一个"洞穴"
由三堵墙和一层地板组成。协调的计算机图像被投影在每一个表面
上：墙壁是带有背投的屏幕，通过镜子投射，地板图像由上面投射。
SIGGRAPH 是由计算机科学家、发烧友和行业代表组成的年度大会，
它于 1992 年首次向公众展示了"洞穴"，人们排着长队等待着在计算
机图形学世界中看到这个神奇的虚拟现实（virtual reality）。戴着立体
眼镜，我似乎走在海洋的底部，捕捉在我周围全三维空间里游来游去
的鲨鱼。即使这第一个"洞穴"跟踪观者，用每一个动作呈现一个新
的立体图像，与今天的"洞穴"相反，其运动忽动忽停和有点延迟。
在"洞穴"里，至少有两个跟踪器，一个跟踪躯体，另一个注意头部
的转动方向。"洞穴"居民还携带一根手柄（即控制器），这是一种在
空间中被跟踪的输入装置，可进一步跟踪它所指向的方向。所有跟踪，
都可以通过连接到眼镜和手柄上的电缆或红外光波来完成。这是一种
使跟踪精确、貌似瞬时的挑战，也是一种要求。和贝尔实验室的情况
一样，这项新技术的第一批项目之一是对难以捉摸的数学对象进行可
视化。

伊利诺伊大学香槟分校的国家超级计算应用中心（NCSA）建造了第二个"洞穴"。乔治·弗朗西斯是那里数学系的一员，很快就显示出了他在拓扑学方面的潜力。弗朗西斯的书《拓扑图画书》（1988年）证明了他对数学对象可视化的承诺和能力。弗朗西斯与芝加哥分校和香槟分校的不同团队合作，将这些沉浸式、交互式的计算机投影系统应用于非欧几何和四维几何图形的可视化。和贝尔实验室一样，这些团队也包括艺术家；桑迪有艺术背景，弗朗西斯在NCSA的第一位合作者是唐娜·考克斯（Donna Cox），她是该校的一名艺术教授，甚至在"洞穴"发明之前就把弗朗西斯引入了她的"文艺复兴团队"。艺术家是创造和有效使用这一工具的关键，因此弗朗西斯说："在西方文化史上，艺术无疑先于数学有过两次：文艺复兴（连同透视），以及今天，因为计算机图形学在几何学的基础上提出了一些原本不会出现的问题。"（笔者的访谈，2004年）

弗朗西斯的研究对象之一是"正弯曲椭圆空间中的肥皂电影的三维阴影"，他称之为《蜗牛》的对象。它是一个由直线组成的曲面，像肥皂泡般光滑（和微小），像莫比乌斯带般扭曲；它是铸造三维空间的三维球面的一部分。想象一下低维的类似物：在地球的球体上画一个圆圈，在这个圆圈上画一系列等距的纬度线。对地球人来说，这些线都是笔直的，但从宇宙飞船上看，这些线使弧形的长条就像鸡蛋切片机中的煮熟鸡蛋。如果在三维球面上重复此过程，结果就是《蜗牛》（图版4）。

《蜗牛》是这个圆圈—直纹线进入平坦三维空间的特殊投影，这导致了它的盘绕表面。把圆圈边缘连接起来的平行线在三维球体的表面上看起来是笔直的，但从外面看却是弯曲的。《蜗牛》中间的圆圈似乎只是一个沿着它的路线旅行的人，但是从外面可以看到它是莫比乌斯带。这个"洞穴"让《蜗牛》的观者可以进行旅行，并且逐渐形成了一种对这个不寻常数学对象的饱满感。《蜗牛》程序具有同伦特性，因此蜗牛形状变形成一个表面，其边缘形成了螺丝起子。所有这些对象都是同一对象的连续变形，《蜗牛》程序的挑战是看看表面如何在不断裂或撕裂的情况下从一个变到另一个。

弗朗西斯跟他的学生和合作者继续致力于一个名为《ZY 空间》的项目，这个程序用四维十二面体（正一百二十胞体）将三维球面镶嵌起来。穿过三维球面的每个点皆通过一个独特的测地线，即霍普夫圆（Hopf circle），这是来自三维球面内特定方向的视线。这些线随着进程互相缠绕。弗朗西斯将与杰夫·威克斯合作，探索这些视线（图版5）。威克斯认为，我们的物理宇宙可能是一个三维球类型的结构，因此，《ZY 空间》的十二面体网格可用来检验大规模天文观测的模型。

"洞穴"的真实价值，以及后来更完整的"立方体"（图 10.2）环境，后者具有四壁和活动图像的地板（其中之一在伊利诺伊大学香槟分校贝克曼先进科技研究所），在于观者在空间中移动时，有一种随运动而变化的视角。这种动感反馈与互动操纵杆相比是增强空间意识的一种更为强大的工具。大脑演化成了基于身体运动和头部转动的空间地图——而这些恰恰是"洞穴"展示中即时跟踪的内容。人靠一个卷绕数学对象行走——换一种更好的说法，他飞到它的中间漫步，像一个过度刺激的彼得·潘，从一边转到另一边——并建立起对这个对象的直观理解，而这个对象是靠公式做任何大量计算或冥想都无法提供的。就像经过四维旋转我的墙壁部件一样，"立方体"显示器中的观察者，在三维盒子里行走，可以拐向四维路径，进入新的三维盒子，它是一个四维图形的胞体，接收到四维空间中适合这个方向的远景和视

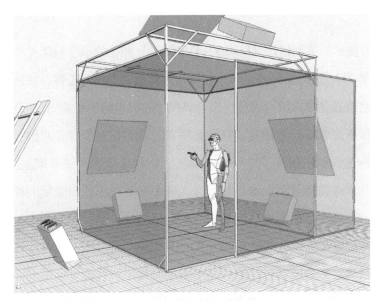

图 10.2　伊利诺伊大学香槟分校贝克曼研究所的"立方体"。兰斯·崇（Lance Chong）绘图，经许可使用

觉线索。这个项目开始于四维迷宫行走，名为 4Dmaze，由乔治·弗朗西斯和迈克·佩尔斯纳（Mike Pelsner）完成。在这个"洞穴"应用程序中，观者能够穿越（而不仅仅是窥视）四维空间。最终，通过许多这样的旅行，人们将建立一个四维精神地图（four-dimensional mental map），尽管这样做有多容易还有待商榷。

　　用这些新的技法绘图工具进行高维可视化，是否已经在数学上取得了重大突破？弗朗西斯还不能指出在"洞穴"中发现的主要数学证明，但他确信，这些会议和编程人员正在建立关于高维空间的立体直觉。我最近的画，如《2002—5》（图版 6）脱胎自这些立体直觉；花在四维几何学和拓扑学计算机程序上的时间，使人对将四维对象投射成三维对象所产生的视觉悖论有了一种舒适感和品味。

迈克尔·德兹穆拉（Michael D'Zmura）和他的学生格雷戈里·塞拉尼安（Gregory Seyranian）在加州大学欧文分校的工作，或许证明了超空间直觉是人类可通过虚拟计算机体验实现的一种能力。2001 年，两位作者报告了一项研究，目的是测试受试者是否能够在四维空间中学习导航。他们建构了一个虚拟房子，一些房间在三维空间上连接，另一些靠通道通过第四维连接起来。每个房间在颜色和细节上都有所不同，所以当他们以电脑游戏的方式通过鼠标点击操作时，受试者会有一种位置感。六名受试者被要求离开"家"，寻找一个黄色盒子，然后按照最有效的路线返回家。当实验中忽略了这些四维通道时，人们发现几乎所有的受试者都可以通过最有效的途径立即回家。当四维通道被添加到试验中，并放置在只有一个或多个四维通道进入的房间中的黄色盒子时，受试者一开始很难找到这个盒子，然后用最直接的路线回家。然而，经过反复试验，所有受试者很快就通过几乎最佳的路线返回了家。两位作者得出结论，他们的受试者已经学会了在四维空间中导航。

还有一个问题是，受试者是否真的形成了四维地图，或者他们只是按一组指令轮流导航。毕竟，蚂蚁成功地导航：它们在院子里到处跑，还能回到它们的巢穴。蚂蚁穿过的表面有时会折叠成第三维：蚂蚁也会爬进房子里，爬上墙壁，穿过台面，再爬进厨房的橱柜里。很难相信厨房里的蚂蚁有完整的三维地图，但它们却不知怎么回巢了。（毫无疑问，如果蚂蚁当中有一些像样的艺术家，蚂蚁进行这样的旅行最终会在蚂蚁意识中建立三维世界地图。）

路径整合是路径指令集和完整的精神地图之间的一种中间技能。

路径整合意味着直观的相对位置：如果你沿着一个街区走，然后左转一个街区，你可以很容易猜到，做一个 45 度的左转会让你回到起点位置，而且你也可以相当准确地猜出这个位置离你现在的位置有多远。在接下来的几年里，德兹穆拉和塞拉尼安创造了一个新的计算机生成环境，来测试受试者是否能够学习四维路径整合。这个虚拟房子，有看起来都是一样的四维空间连接的房间。受试者在迷宫中徘徊，经过三四轮后，他们被要求面对家并估算出距离。这项任务比在黄色盒子测试中回家要困难得多，但是所有的受试者都通过反复的试验提高并获得了技能。最显著的改进表明人们可以学会四维路径整合。

这两位欧文分校的作者并没有说他们的受试者形成了四维房子的四维地图，因为在第一次实验中，"受试者没有直观地看到捷径的存在，（而且）这是一个赞成这些受试者使用本地地标的位置的论点，地标基于导航的表示，而不是全局的或类地图的表示"（Seyranian and D'Zmura 2001，30 页）。四维精神地图的令人信服的证明，会发现受试者走了一条他们在访问黄色盒子的过程中并未经过的捷径。假如有一个更复杂的四维房子，这个测试也是令人信服的。

香槟分校的"四维迷宫"与欧文分校的虚拟四维测试房间之间存在差异。在"四维迷宫"中，有更多的房间和通道。也许正是出于这些原因，局中人很少有良好的表现或走出迷宫。目前还没有对"四维迷宫"进行过对照研究，而在欧文分校，作者们是以科学的方式测试四维空间学习的心理学家。在香槟分校，迷宫探险是在"洞穴"里进行的，而在欧文分校，受试者则坐在一个电脑屏幕前。把这两种装置中最好的一种结合起来进行科学测试是很有趣的。但也许这是在吹毛求疵：遵循逐轮指令和发展路径整合技能，很可能是形成精神地图的最初步骤。这仍然是一个值得注意的事实：在计算机的帮助下，个体可以掌握四维空间。

即使是计算机辅助触摸，也可以增加对四个维度的理解。印第安纳大学布卢明顿分校的安迪·汉森（Andy Hanson）使用触觉装置追踪一个四维对象的表面。若要使用该设备，受试者需持有与计算机受控齿轮相连的笔。受试者可以随意地移动笔来触摸四维表面，但是如果受试者的笔开始离开表面，齿轮就会抵制这种运动。四维表面和多胞体在从四维到三维投影时通常是自相交的；即使一个人有数学上精确的坚实模型，也不能连续地跟踪这个表面，而不撞到墙（这是投影的一个人造产物）。计算机辅助触摸的优点是，人可以穿过这些墙壁，听到声音提示或声音，说探测正在"通过"第四维度表面的一部分。借助这个工具，你可以建立关于四维表面连续性的直觉。

计算机提供的第四维度技术图解的改进，丰富了从事艺术和数学工作的视觉文化（visual culture）。无论是文艺复兴时期的铅笔画、17世纪的木模，还是21世纪的虚拟环境，可视化技术都赋予了几何学以可信度。在你眼前看到它，通过它进行动觉体验，也许在四维空间绘制建筑的精神地图，甚至是失明的人通过触觉"看到"——所有这些都会引导个体获得更有效的高维投影能力。

第 11 章 结语：艺术、数学与技法绘图

长期以来，射影几何学在当前数学和物理思维发展中所起的强大作用被忽视了。在 19 世纪，射影几何学是一门占主导地位的学科，但现在却常常被我们视而不见，它包含了今天有着深刻共鸣的思想。否则不可能是这样的，如今的许多数学思想都源于射影几何学。

克莱因在《数学在 19 世纪的发展》中，就讨论了射影几何学和非欧几何学之间的联系[①]，克莱因不顾同事们的反对，又回到了讨论射影几何学对发展思想的根本重要性上面。克莱因说，庞赛莱（彭赛列），射影几何学的奠基人，"应该把庞赛莱看作那样一类数学家的最伟大的代表之一，那就是我们曾经刻画为大胆的征服者的一类数学家。他的影响贯穿了整个 19 世纪，成为我们的思想的不可少的部分"[②]（Klein 1926，75 页）。关于斯陶特发明的射影**投射**（projective *throw*），克莱因认为这是序数（基数），而不是测度（度量数）[③]，克莱因说："我已经引述了斯陶特关于射影几何学独立于任意度量的结果……（而我的同事们）并不理解斯陶特关于'投射'作为一个数是纯粹射影的，而

[①] "对于我来说，射影几何学与非欧几何学的联系是很清楚的，甚至是显然的。但是，我的这个思想遭到了来自几乎所有方面的强烈反对……"《数学在 19 世纪的发展》（第一卷），124 页。
[②]《数学在 19 世纪的发展》（第一卷），67 页。
[③]同上，110 页。

坚持认为这个数是作为四个欧几里得距离的交比而给出的。"[1] 换句话说，克莱因看到了定义为内部的射影测度，根本没有引用任何坐标系。背景无关度量的基本概念是从射影几何学开始的，定义时不需要参考底层网格。

现代思想的另一个基础，是射影几何学中对象的对偶性（dual nature of objects）。从某种意义上说，点和线是同一对象；射影点就是高维中的线。在表述射影几何学公理时，我们可以用点来代替线，这样的表述不仅有意义，而且同样成立。这些命题早在物质的二象性（dual nature of matter）——光子（或中子）既是子弹又是泡沫波——被接受之前就提出了。彭罗斯后来提出，光线更像射影线，而不是空间中的线，因为它们具有双重性（dual nature），不仅是粒子和波，而且是点和路径，取决于观察者的行进速度。射影几何学开始挑战经典世界的非此即彼逻辑（either-or logic），取而代之的是量子世界的或与逻辑（either-and logic）。非定域性，连同多重定义，以及不能被放置在笛卡尔坐标系——这些都是射影实在和量子实在的特征。

最后，时间的经典定义经不起现代的审视：时间以不同的速率运行，时间有时可以被认为是向后流动的，时间保存着同一些事件的多重历史，时间可以有结束和开端，时间可由其他系统的部分加以构建。所有这些都是时间的特征，它们都不符合微积分（即切片）的模型，模型中的这些单元沿一个方向——堆叠，就像在一个杆顶上添加一截截薄片箭来建立箭头。当应用于时空，射影模型将未来和过去保持相同的形状，并显示出两者的连续性。强调未来形状与过去形状的同伦，

---

[1]《数学在 19 世纪的发展》（第一卷），126 页。

要是尚未开始，则受射影几何学支持。在数学史著作中，图通常表明射影几何学是 19 世纪非欧几何学发展所必需的先决数学，但流程图也应包括作为射影几何学结果的拓扑学。这无疑是克莱因在拓扑学方面工作的灵感所在。

"空间模型"是一个疲软、陈腐的术语；空间模型是理解的多面体。我们的体验发生在空间，空间是由其组成多面体定义的。科学解释的努力和目标是，找到能够准确描述和预测体验的多面体或几何对象。阿尔伯特·爱因斯坦和利奥波德·英费尔德（Leopold Infeld）在《物理学的进化》（1938 年）中给出的一个例子，是一幅描述从一座塔（比萨斜塔）上掉下石头的图画。虽然石头的路径可以用从它在塔的起始位置到它在地面的最终位置的直线来描述，但是这个几何对象不能描述该事件的一个重要部分。在不同网格上的另一条线，可以描述石头在其下落的每一秒间隔中所走的距离；这条线是描述其重力加速度的一条曲线，爱因斯坦更喜欢这个几何对象，因为它是该事件的完全静态模型。然而，这种模型并不十分完备，因为新的曲线为了阐明其速度变化的本质而牺牲了对下落物体直线轨迹的常识描述。事实上，任何事件的几何模型都掩盖了一些细节，以说明其他细节。

另一个例子，来自查尔斯·鲁拉（Charles Ruhla）的《机会物理学》（1992 年），提出了一个推论的观点。大炮被调整成击中目标；在相同的高度和负载下，重复的射击聚集在目标周围（图 11.1）。利用标准差的数学方法，计算了理想轨道。这个几何对象被认为是真实和实际的，而不完全符合几何模型的射击的实际散度却被认为是不够真实，是有误差的，甚至超出了标准差，因此根本不值得考虑。鲁拉的例子表明，

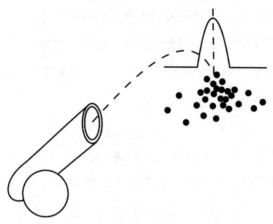

图 11.1 一种数学方法计算理想轨道，但这个理想轨道
并不是所发生的事情的真实表示

在任何几何模型中都存在一个内禀价值系统。后来的数学，承认、编纂，甚至赞同混沌（chaos）和"蝴蝶效应"（小的影响被重复，得出大的后果）具有不同的内禀价值系统。当应用于大炮轨道时，这个新的数学模型将考虑理想轨道不真实的、不实际，而认为散乱的命中是有价值的。事实上，从这个新物理学的角度来看，一个边缘溶于虚无的分形（fractal）多边形将是比干脆的一维线更好的轨道几何模型。

这两个例子表明，空间模型只是物理事件的错误近似，模型植根于文化偏好。然而，通过理解多面体来定义自然规律的努力，在很大程度上是科学方法的一部分，也是陈设的一部分，即模型本身就被认为是真实的。这种对空间建模的真实性质的混淆，使得无意识的假设像偷渡者一样隐身于室内装潢中。一个最有害的隐假设是，切片模型是四维实在（four-dimensional reality）的精确、完整和专有性的表示，使用的任何其他模型都可以转换成它，而不会失去作为事件模型的基本效用。但是，在空间中发生的一些事情并不能简化为切片模型，射影模型不仅是一种替代，而且通常是一种要求。

"数学是一门精密科学；错误的答案都是百分之百的错误。"当我那些灾难性的数学试卷被退回给我时，我在高中时反复听到这个无聊的警告。（我的算法通常是正确的，但在计算方面却毫不自傲。）现在，我终于同意了。处于不同运动状态的观察者——这意味着几乎每个人——都处于不同的坐标系中。的确，相对于光速而言，与站立者的坐标系相比，跟行走者连在一起的坐标系的差别是极其小的，甚至小得不可测量。但数学是一门精密科学，两者之间有着可计算的差别。若时空的切片模型只适用于非相对论性观察者，则它就适用于极少数人。时空的射影模型倒是一种常规。我们生活在投影，而不是切片中。爱丽丝从她的行程中剪取下午1时，把它给鲍勃，希望他精确知道她什么时候会来他家。因为他们一直处于相对运动状态，所以他们的两个时钟将不同步。

固体之所以存在，是因为它们的原子以模式和晶格的形式存在。描述这些模式的数学，发生了一场革命。它们都被理解为高维空间中更简单晶格的投影。特别是准晶模式，从这种角度来看是合乎逻辑的，也是可接受的。

光线更像是射影直线，而不是空间中的直线。光线或其他无质量粒子的完整图景显示，它自然独立于坐标系，自然扭曲，自然适合复数。时间之矢的永恒之谜，开始屈服于复射影分析（complex projective analysis）。射影直线似乎比无量纲点的坐标系更基本、更根本。德国物理学家伯特弗里德·福瑟（Bertfried Fauser），跟闵可夫斯基之后的每一代物理学家一样，呼吁"射影相对论"（projective relativity）研究（专栏11.1）。

专栏 11.1 后来的射影相对论

从 1921 年开始，西奥多·卡鲁扎（Theodor Kaluza）推测，如果空间可以有四个维度（加上时间则为五维），电磁学和狭义相对论就可以统一在一个框架中。奥斯卡·克莱因（Oscar Klein）阐述了这一想法，它成为卡鲁扎-克莱因模型。这一想法引起了许多人的兴趣，并为时空模型（spacetime model）树立了先例，在这种模型中，并非所有维度都可以作为方向或持续时间直接观测。1933 年，奥斯瓦尔德·维布伦（Oswald Veblen）试图保留卡鲁扎-克莱因的五维性，但应用射影几何原理将该模型恢复到我们直接经验的维数，从原来的五坐标中提取出四个齐次坐标。爱因斯坦、彼得·伯格曼（Peter Bergmann）和沃尔夫冈·泡利（Wolfgang Pauli）反复提及射影相对论（projective relativity），只是在将要去世时才放弃了这个想法。

现在，射影相对论正由马克斯·普朗克研究所物理学家伯特弗里德·福瑟，以及其他德国物理学家复兴。2000 年，福瑟重申，对于量子物理学，射影几何学从未真正死亡："伯克霍夫（Birkhoff）和冯·诺依曼（von Neumann）证明了量子力学是建立在射影概念的基础上的……狄拉克（Dirac）坦承，射影推理使他找到了他的电子方程。"他引用 1955 年的一篇论文继续说，把"射影空间与度规世界连续统"联系起来的主要问题"是约尔丹（Pascual Jordan）做的"。最后，在我耳边听起来是音乐般的话语，福瑟写道，"线、平面和空间是由连续点构成的固定概念，只不过是一种数学病毒。这种病毒的解药是射影几何学"（3—5 页），不靠笛卡尔坐标起作用。

福瑟没有提到扭量，最近其他人试图用射影几何学将相对论与量子力学统一起来，这使得他的方法更加自洽。他承认自己才刚刚开始，"是朝这个新方向迈出的第一小步"。

量子粒子的态空间，是用射影几何描述的空间。这个空间由齐次坐标的直线组成，这些直线有斜率，但没有箭头。对于两个纠缠粒子，当接收器被设置来提供离散的结果时，这些态空间线形成了一些四维几何多胞体。这太奇怪了，不可能是巧合；在我们经验的三维空间和实在的高维空间之间，一定存在一些尚不为人所知的关系。在此种简单切片隐喻的建模功能之外，这将是一种微妙的关系。

　　量子泡沫认为，从 A 到 B 有很多量子路线。我们可能会经历所有这些路线被折叠成一条路线，但对小事件的仔细研究始终证明，同一件事必须同时处在一个以上的地方。通过定义我们的体验是射影体验，然后将我们的射影体验转化为高维投影，我们可以将量子事件的许多历史和非定域性展开成一个可理解的模型。

　　考虑本书一个温和的建议，摆脱我们四维图形和时空的切片模型的思维有利于射影模型。实际上，我们的建议是把时间在整体上看作几何，以此方式将高维几何视为理解的坚实事实多面体。根据我们重视多重、同时信息的对称起源的哲学传统，事实上，对自然的高维几何学描述确实是一种**实在**（reality），它通常被认为是这样的。虽然实在是高维实在，这已经是物理学中的一个工作前提，但也要承认，我们经历了高维实在约化为空间的三维和（称为时间的）残余。这里有机会理解这种约化的性质。这个提议意味着，建立对切片模型，对时间是第四维度的傲慢和抑制的断言，特别是对于那个无处不在的观念——视为随时间演变的事物等同于在某种程度上对四维实在的体验——的厌恶。切片模型应用于四维对象，是一种短路理解；我们的空间可能有一个非常不同的结构，如"多褶皱"方案（专栏 11.2）。

　　虽然 19 世纪末的人们可以想象一个高维实在（higher-dimensional reality），它冲击了经验的世界，但想象一个高维实在完全应用于三维世界，并插入三维世界中，则更符合事实。这种概念当它可以得到技法绘图和整体视觉文化的支持时，就成为一种文化。高维图形的技法

专栏 11.2　射影与膜

物理学家保罗·哈尔彭（Paul Halpern）在其著作《伟大的超越》（2004年）[①]中认为，五维卡鲁扎—克莱因模型是现代物理学中一个持续的传统，自 1921 年创立以来，每一代都有追随者。哈尔彭指出，当代的弦—膜模型（string-and-brane models）是以卡鲁扎-克莱因模型为基础的。由尼玛·阿卡尼-哈米德、萨瓦斯·迪莫普洛斯和格奥尔基·德瓦利等人提出的膜模型的**多褶皱**版本，都隐含着一个带有滤波器的射影模型。光必须穿过时空的四维结构，就像折叠布中的经线，但引力可以从一次折叠投射到另一次。这样的模型可以解释引力的不寻常弱点；哈尔彭指出，即使是一个小磁铁也能在回形针上抵消整个地球的引力。在多褶皱模型（manyfold model）中，引力从布褶皱中的时空泄漏到布周围的块体中。引力也可以跳过一层又一层的布，就像一根银针穿过一条短裙的褶皱。靠穿过块体，引力直接影响到膜中的对象，而来自同一引力源的光必须沿着折叠的布穿过漫长的旅程；这将解释宇宙中的暗物质，它的质量远远超过可见物质。引力对膜的泄漏和向膜的泄漏，其效应都应是可检验的。彼此非常接近的诸物体的引力吸引，应该不同于在人类尺度上的引力吸引。不幸的是，巧妙的实验表明，在距离只有五分之一毫米的地方，万有引力并没有减弱。研究还表明，来自同一天文源的光和引力效应的到达时间也没有什么差别。

绘图，是稳定这些概念并使这些空间模型成为现实的基础。

阻碍我们理解的进步，阻碍我们接受当代物理学中已经充分确立的事件模型为真实的，是我们对切片模型的依恋的坏习惯。这本质上是一个情感上而不是概念上的障碍。可是，文化提供情感支持。技法绘图是艺术和数学并举的基础。就像水会自行流平，心智正在向一个新的平衡移动。在不知不觉中，也希望越来越多的人意识到，艺术（Art）随心智（Mind）的运动会给数学（Mathematics）带来安慰和勇气。

[①]《伟大的超越》，保罗·哈尔彭著，刘政译，湖南科学技术出版社 2008 年版。

附 录

庞加莱关于 x、y、z 和 t 的洛伦兹变换，对其新的初始值的分析如下：

$$\gamma = \frac{1}{\sqrt{1 - \left\{ \dfrac{v}{c} \right\}^2}}$$

$$x' = \gamma x + \left\{ \frac{i\gamma v}{c} \right\} t$$

$$y' = y$$

$$z' = z$$

$$t' = -\frac{i\gamma v}{c} x + \gamma t$$

注意到因为

$$\gamma^2 + \left\{ \frac{i\gamma v}{c} \right\}^2 = 1,$$

这两项可分别视为一个角度的余弦和正弦。洛伦兹变换则假定了关于原点的四维旋转的表述形式。

注　释

第 1 章

1　尽管《温哥华日报》的讣告中的履历细节与《塔博学院月刊》和克拉克大学文件中的早期信息不一致，但他的生活细节就像这里所展示的那样。

2　霍尔在温哥华成了一位进步的思想家："为什么女人要为了生存而出卖自己的美德是必要的？这仅仅是因为，在许多情况下，由于不公正的工业奴役制度，社会剥夺了她过上体面生活的任何途径……卖淫将继续下去……直到每个女人都得到了权利，她才有机会过上体面的生活，并得到她所挣的一切。"《泌尿外科和皮肤检查》，1913 年 11 月，599 页。晚年，他还在《惊人故事季刊》发表了科幻小说（奇怪的是，在互联网搜索霍尔，这是唯一出现的内容）。

3　纽康反对这架飞机的论点很有说服力，很详细，却是错误的。纽康未能设想出轻型中空飞机。他也没有想到现代螺旋桨或喷气式发动机的效率。平心而论，他的确提到直升机是个很有前途的主意，他想知道为什么没有人在追求它。

4　科学史学家斯科特·沃尔特在 1911 年的一本书目中，发现了两千多个涉及 n 维几何和非欧几何学的书名。

第 3 章

1　亚当的观察，是在 2004 年 3 月 2 日我给牛津大学艺术史系研究生做的关于这个材料的演讲中做的。

2　严格地说，图 3.2、图 3.3 和图 3.5 都可以认为是投影：图 3.2、图 3.3 都是平行投影到平面的组合，图 3.5 是非透视投影。然而，为了使术语清晰，特别是彼此区分来源和概念上的方法，平行投影到平面———一种使爆炸图形（即展开图形）由三维胞体所组成的方法——称为**切片模型**，而**投影模型**则指将所有胞体同时放置在同一个（三维）位置上的完全连接胞体的绘图和模型。

第 4 章

1　1904 年，洛伦兹引用了瑞利（Rayleigh）和布莱斯（Brace）的新实验，以及特鲁顿（Trouton）和诺布尔（Noble）的新实验，这些实验现在都晦涩难懂，他的结论是证实了迈克耳孙—莫雷的研究结果。因此，对洛伦兹来说，实验证据正在积累。在迈克耳孙放弃之后，莫雷和他的新合作者代顿·C. 米勒（Dayton C. Miller）一直在尝试，直到 20 世纪 30 年代，但这些实验是在时间被考虑之后进行的。

2　闵可夫斯基的笔记本，被存档在以色列犹太国立大学图书馆（9 号盒子，文件夹 7）；复印件保存在马里兰州帕克学院美国物理研究所尼耳斯·玻尔图书馆。

第 6 章

1　自古以来所知，黄金分割比是一个无理数，见于正五边形对角线和边之比。有两种排列黄金分割比的方法，产生两个数字：

$$\frac{\sqrt{5}+1}{2}$$

和

$$\frac{\sqrt{5}-1}{2}$$

即 1.61803... 和 0.61803...。这两个数字是黄金分割比相差 1。斐波那契级数（Fibonacci series）从长区间和短区间开始，通过用长区间和短区间代替每一个长区间和用长区间代替每一个短区间来增长。

2　和安曼一样，德布罗金早年也过着艰难的生活。在纳粹占领荷兰期间，他在一个阁楼里藏了四年。起初对数学不感兴趣，他把它当作一种让自己远离苦难的方法。德布罗金从来没有受过真正的正式训练（因此像本书中的许多人那样是个局外人），尽管如此，德布罗金在埃因霍温理工大学以杰出的数学教授身份结束了自己的职业生涯，连博士学位都没有。德布罗金从教师岗位退休后，开始了准晶研究，这将是他最大的贡献。在写这篇文章的时候，一个更快乐、更有活力的 86 岁的男人是很难找到的。

3　虽然投影法似乎直接跳过了所需的维度，但实际上它是在整个过程中对每个维度进行投影的。例如，超立方体的四维图案首先投影到第三维，然后三维对象投影到平面上，在平面上显示彭罗斯拼砌。菱形的彭罗斯拼砌，是块体准晶拼砌的特例；它们被转动，使第三轴完全收缩。建筑师和数学家哈雷什·拉尔瓦尼（Haresh Lalvani）在投影中研究了这些层次之间的关系；他注意到平面图案的单位胞体中的角度是下一个高维单位胞体的二面角（块体折叠角）。例如，彭罗斯拼砌的胖菱形的锐角和钝角分别为 72 度和 108 度，瘦菱形则为 36 度和 144 度。这些是三维块体的平面相交的角度。在这一研究领域，可能会有许多深刻的见解。

4　这是一个相对的问题，因为没有晶体、周期或非周期是完美的。彼得·斯蒂芬斯（Peter Stephens）和艾伦·戈德曼（Alan Goldman）等人提出，在准晶的情况下，可以容忍镶嵌中的许多错误，但仍会产生尖锐的五次布拉格峰，这将使准晶更加随机，从而减少神秘。

第 7 章

1　光锥内部将是牛顿物理学，光锥表面将是全相对论的物理学，而光锥外则完全是非限定的、比光运行更快的物理学。但是，相对论并不是要么全部、要么乌有，根据洛伦兹已知的公式，低于光的速度也缩小了空间。时空路径接近光锥表面的斜率时，它们变得越来越像表面的射影线；光锥内部在某种程度上也是一个射影空间。

2 当 $v=c$ 时，则

$$\sqrt{1 - \frac{v^2}{c^2}} = 0$$

任何长度乘以这个洛伦兹因子，也变成零。

3 如果我们使用齐次坐标，它们是三重态数的比率——$(a,b,c) \sim (a/c,b/c)$，那么满足比率的任何一组数字都可以被认为是同一个点，因为没有办法区分它们。这些点都位于高维空间中的一条线上（见图5.5）。

4 加深与射影几何的联系，就是通过射影变换将黎曼球面上的任何四个点变换为任何其他四个点的可能性，只要这两个集合具有相同的交比。（这里把黎曼球面看作复射影线。）这四个点在黎曼球面上必须共面，指它们在相应的平面上投影时必须共线。这意味着在某些情况下，洛伦兹变换、莫比乌斯变换和射影变换在数学上等价。

第9章

1 这些高维弱范畴是纷繁复杂的。一些细微的修改，会带来难以完全预测的后果。当引入变化时，要证明它们仍然是自洽的，需要做大量的工作。目前还没有确定弱化范畴的各种候选者在数学上都等价，这样从业者就可以自信地选择一个适合当前目标的。准确地说，哪种修改对于哪种应用是有用的，也很难预测。最后，范畴论数学可以传达给那些没有投入全部工作的人，并被他们使用，这也是衡量成功的一个合法标准。

第10章

1 电影《超立方体：投影和切片》可在胶片、VHS 或 DVD 得到，地址 T. Banchoff, 18 Colonial Road, Providence, R.I. 02906。电影《超球：叶理和投影》也可以从上述相同的地址获得。

参考文献

Abbott, E. A. 1884. *Flatland: A Romance of Many Dimensions*. Reprint, New York: Barnes and Noble Books, 1963.

Aczel, A. 2001. *Entanglement: The Greatest Mystery in Physics*. New York: Four Walls Eight Windows.

Aravind, P. K. 1997. Borromean Entanglement of the GHZ State. In *Quantum Potentiality, Entanglement and Passion-at-a-Distance*, ed. R. S. Cohen, M. Horne, and J. Stachel. Dordrecht: Kluwer.

———. 1999. Impossible Colorings and Bell's Theorem. *Physics Letters* A262: 282.

———. 2000. How Reye's Configuration Helps in Proving the Bell-Kochen-Specker Theorem: A Curious Geometrical Tale. *Foundations of Physics Letters* 13: 499.

———. 2004. Quantum Mysteries Revisited Again. *American Journal of Physics* 72: 1303–7.

———. n.d. Home page, Worcester Polytechnical Institute. http://users.wpi.edu/~paravind/.

Arkani-Hamed, N., S. Dimopoulos, and G. Dvali. 2000. The Universe's Unseen Dimensions. *Scientific American*, August, 62–69.

Baez, J. 2004. Why *n*-Categories? What *n*-Categories Should Be Like. Space and State, Spacetime and Process. Slides and notes for lectures given at the Institute of Mathematics and Its Applications workshop on *n*-categories, June. Available on Baez's Web site, http://math.ucr.edu/home/baez/n_categories/index.html#why.

———. n.d. *John Baez's Stuff*. http://math.ucr.edu/home/baez/.

Banchoff, T. F. 1990. *Beyond the Third Dimension: Geometry, Computer Graphics, and Higher Dimensions*. New York: Scientific American Library.

———. n.d. Home page. http://www.geom.uiuc.edu/~banchoff/.

Banchoff, T., and J. Wermer. 1991. *Linear Algebra through Geometry*. New York: Springer-Verlag.

Bar-Natan, D. 2003. "Khovanov Homology." http://www.math.toronto.edu/~drorbn/papers/Categorification/NewHandout.pdf.

Bell, E. T. 1937. *Men of Mathematics*. New York: Simon and Schuster.

Bohm, D. 1957. *Causality and Chance in Modern Physics*. Princeton, N.J.: Van Nostrand.

Boyer, C. B. 1949. *The Concepts of the Calculus*. New York: Hafner.

Brisson, D. W., ed. 1978. *Hypergraphics: Visualizing Complex Relationships in Art, Science and Technology*. Boulder: Westview.

Brown, R., and T. Porter. 2001. The Intuitions of Higher Dimensional Space. Lecture given at the École Normale Supérieure, Paris, May 30. Available on Brown's Web site, http://www.bangor.ac.uk/~mas010/paris-cogn8.pdf.

———. 2003. Category Theory and Higher Dimensional Algebra: Potential Descriptive Tools in Neuroscience. Lecture given at the International Conference of Theoretical Neurobiology, Delhi, Feb. 24. Available on Brown's Web site, http://www.informatics.bangor.ac.uk/public/mathematics/research/ftp/cathom/03_05.pdf.

Carter, S., S. Kamada, and M. Saito. 2002. *Surfaces in 4-Space*. New York: Springer-Verlag.

Carter, S., L. Kauffman, and M. Saito. 1997. Diagrammatics, Singularities, and Their Algebraic Interpretations. *Matemática Contemporânea* 13: 21–115.

———. 1999. Structures and Diagrammatics of Four Dimensional Topological Lattice Field Theories. *Advances in Mathematics* 146: 39–100.

Carter, S., and M. Saito. 1991. *Knotted Surfaces and Their Diagrams*. Providence, R. I.: American Mathematical Society.

Cervone, D. n.d. Home page. http://www.math.union.edu/~dpvc/.

Cheng, E., and A. Lauda. 2004. *Higher-Dimensional Categories: An Illustrated Guide Book*. A draft version was prepared for the Institute of Mathematics and Its Applications workshop on *n*-categories and is available at http://www.dpmms.cam.ac.uk/~elgc2/guidebook/.

Collins, H., and T. Pinch. 1993. *The Golem: What You Should Know about Science*. Cambridge: Cambridge University Press.

Cooke, R., and V. Rickey. 1989. W. E. Story of Hopkins and Clark. In *A Century of Mathematics in America*,

Part 3, ed. P. Duren. Providence, R.I.: American Mathematical Society.

Corefield, D. 2003. *Towards a Philosophy of Real Mathematics*. Cambridge: Cambridge University Press.

Courant, R., and H. Robbins. 1941. *What Is Mathematics?* Oxford: Oxford University Press.

Coxeter, H. S. M. 1942. *Non-Euclidean Geometry*. Toronto: University of Toronto Press.

——. 1948. *Regular Polytopes*. Reprint, New York: Dover, 1972.

——. 1961. *Introduction to Geometry*. Reprint, New York: Wiley, 1980.

——. 1964. *Projective Geometry*. New York: Blaisdell.

Daix, P. 1995. *Dictionnaire Picasso*. Paris: Laffont.

DeBruijn, N. 1981. Algebraic Theory of Penrose's Non-Periodic Tiling of the Plane. *Koninklijke Nederlands Akademie van Wetenschappen Proceeding Series A*.

——. n.d. Home page. http://www.win.tue.nl/~wsdwnb/.

d'Espagnat, B. 1981. The Concepts of Influences and of Attributes as Seen in Connection with Bell's Theorem. *Foundations of Physics* 11: 205–34.

Dubois, J. M. 2000. Beyond the Usefulness of Quasicrystals. In *Quasicrystals: Preparation, Properties, and Applications*, ed. E. Belin-Ferré, P. Thiel, A. Tsai, and K. Urban. Warrendale, Pa.: Materials Research Society.

Durkheim, E. 1897. *Suicide, a Study in Sociology*. Trans. J. A. Spaulding and G. Simpson. New York: Free Press, 1966.

Einstein, A. 1905. On the Electrodynamics of Moving Bodies. Reprinted in *The Principle of Relativity*. New York: Dover, 1952.

——. 1952. *Relativity: The Special and General Theory*. Trans. R. W. Lawson. Includes an appendix on "Relativity and the Problem of Space." New York: Crown, 1961.

Einstein, A., and L. Infeld. 1938. *The Evolution of Physics*. New York: Simon and Schuster.

Einstein, A., B. Podolsky, and N. Rosen. 1935. Can Quantum-Mechanical Description of Physical Reality Be Considered Complete? *Physical Review* 47: 777.

Elser, V. 1986. The Diffraction Pattern of Projected Structures. *Acta Crystallographica Section A* 42: 34–36.

Elser, V., and N. Sloane. 1987. A Highly Symmetric Four-Dimensional Quasicrystal. *Journal of Physics A: Mathematical and General* 20: 6161–68.

European Cultural Heritage Online. n.d. "Notebooks of Einstein and Minkowski in the Jewish National and University Library." http://echo.mpiwg-berlin.mpg.de/content/relativityrevolution/jnul.

Fauser, B. 2000. Projective Relativity: Present Status and Outlook. Available on Citebase, http://citebase.eprints.org/cgi-bin/citations?id=oai:arXiv.org:gr-qc/0011015.

——. n.d. Home page. http://kaluza.physik.uni-konstanz.de/~fauser/P_BF.shtml.

Fishback, W. T. 1962. *Projective and Euclidean Geometry*. New York: Wiley.

Francis, G. K. 1988. *A Topological Picturebook*. New York: Springer-Verlag.

——. 2005. Metarealism in Geometrical Computer Graphics. In *Visual Mind II*, ed. M. Emmer. Cambridge, Mass.: MIT Press.

——. n.d. Home page. http://www.math.uiuc.edu/~gfrancis/.

Galison, P. L. 1979. Minkowski's Spacetime: From Visual Thinking to the Absolute World. *Historical Studies in the Physical Sciences* 10: 85–121.

Greenberg, M. J. 1973. *Euclidean and Non-Euclidean Geometries*. San Francisco: Freeman.

Greenberger, D. M., M. Horne, A. Shimony, and A. Zeilinger. 1990. Bell's Theorem Without Inequalities. *American Journal of Physics* 58: 1131–43.

Hall, G. S. 1893. *Third Annual Report of the President*. Worcester, Mass.: Clark University.

Hall, T. P. 1893. The Projection of Fourfold Figures upon a Three-Flat. *American Journal of Mathematics* 15: 179–89.

Halpern, P. 2004. *The Great Beyond*. Hoboken, N.J.: Wiley.

Hawking, S., and R. Penrose. 1996. *The Nature of Space and Time*. Princeton, N.J.: Princeton University Press.

Henderson, L. 1983. *The Fourth Dimension and Non-Euclidean Geometry in Modern Art*. Princeton, N.J.: Princeton University Press.

——. 2005. Modernism and Science. In *Modernism*, ed. V. Liska and A. Eysteinsson. Amsterdam: John Benjamins.

Huggett, S. A., ed. 1998. *The Geometric Universe: Science, Geometry, and the Work of Roger Penrose*. Oxford: Oxford University Press.

Hughston, L. P., and R. S. Ward., eds. 1979. *Advances in Twistor Theory*. San Francisco: Pitman Advanced Publishing Program.

Institute for Mathematics and Its Applications. n.d. *IMA 2004 Summer Program: n-Categories: Foundations and Applications*. http://www.ima.umn.edu/categories/.

Ivins, W. M. 1946. *Art and Geometry*. New York: Dover.

Janot, C. 1994. *Quasicrystals: A Primer*, 2nd ed. Oxford: Clarendon Press.

Jouffret, E. 1903. *Traité élémentaire de géométrie à quatre dimensions* (Elementary Treatise on the Geometry of Four Dimensions). Paris: Gauthier-Villars.

——. 1906. *Mélange de géométrie à quatre dimensions* (Various Topics in the Geometry of Four Dimensions). Paris: Gauthier-Villars.

Kauffman, L. n.d. Time, Imaginary Value, Paradox, Sign and Space. Available on Kauffman's Web site, http://www2.math.uic.edu/~kauffman/TimeParadox.pdf.

——. n.d. Home page. http://www2.math.uic.edu/~kauffman/.

Klein, F. 1908. *Elementary Mathematics from an Advanced Standpoint, Geometry*. Trans. E. R. Hedrick and C. A. Noble. New York: Dover, 1939.

——. 1926. *Developments of Mathematics in the Nineteenth Century*. Vol. 1, trans. M. Ackerman. Brookline, Mass.: Math Sci Press, 1979. Vol. 2, reprint (untranslated), New York: Chelsea, 1950.

Kwiat, P. G., and L. Hardy. 1999. The Mystery of the Quantum Cakes. *American Journal of Physics* 68: 33–36.

Longuet-Higgins, M. S. 2003. Nested Triacontahedral Shells. *Mathematical Intelligencer* 25: 25–43.

Lorentz, H. A. 1895. Michelson's Interference Experiment. Reprinted in *The Principle of Relativity*. New York: Dover, 1952.

Mallen, E. n.d. *On-Line Picasso Project*. http://www.tamu.edu/mocl/picasso/tour/thome.html

Manning, H. P. 1910. *The Fourth Dimension Simply Explained*. Reprint, New York: Dover, 1956.

———. 1914. *Geometry of Four Dimensions*. Reprint, New York: Dover, 1956.

Mermin, N. D. 1989. *Space and Time in Relativity*. Prospect Heights, Ill.: Waveland Press.

———. 1990. Quantum Mysteries Revisited. *American Journal of Physics* 58(8): 731–33.

———. 1994. Quantum Mysteries Refined. *American Journal of Physics* 62: 880–82.

Miller, A. I. 1981. *Albert Einstein's Special Theory of Relativity*. Reading, Pa.: Addison-Wesley.

———. 2001. *Einstein, Picasso*. New York: Basic Books.

Minifie, W. 1871. *A Text Book of Geometrical Drawing*. Reprint, New York: Van Nostrand, 1881.

Minkowski, H. 1907. Das Relativitätsprinzip (The Relativity Principle). *Jahresbericht der Deutschen Mathematiker-Vereinigung* 24: 372–82; also available in *Annalen der Physik* 47: 927–38.

———. 1908. Space and Time. Reprinted in *The Principle of Relativity*. New York: Dover, 1952.

Miyazaki, K. 1983. *An Adventure in Multidimensional Space: The Art and Geometry of Polygons, Polyhedra, and Polytopes*. New York: Wiley.

———. 1991. Design of Space Structures from Four-Dimensional Regular and Semi-Regular Polytopes. In *Spatial Structures at the Turn of the Millennium*, ed. T. Wester, S. J. Medwadowski, and I. Mogensen. Copenhagen: IASS.

Monge, G. 1803. *Geometría Descriptiva*. Reprint, Madrid: Colegio de Ingenieros des Caminos, Canales y Puertos, 1996.

Needham, T. 1997. *Visual Complex Analysis*. Oxford: Clarendon Press.

Nelson, D. R. 1986. Quasicrystals. *Scientific American* 255, no. 2: 43–51.

Newcomb, S. 1878. Note on a Class of Transformation Which Surfaces May Undergo in Space of More Than Three Dimensions. *American Journal of Mathematics* 1: 1–4.

———. 1898. The Philosophy of Hyperspace. *Science* 7: 1–7. Originally published in *Bulletin of the American Mathematical Society* 4 (February 1898): 187–95.

———. 1906. The Fairyland of Geometry. In *Side-lights on Astronomy and Kindred Fields of Popular Science*. New York: Harper.

Noll, M. 1967. A Computer Technique for Displaying N-Dimensional Hyperobjects. *Communications of the Association for Computing Machinery* 10, no. 8: 469–73. Reprinted in Brisson.

———. 1968. Computer Animation and the Fourth Dimension. *AFIPS Conference Proceedings*, vol. 33. Washington, D.C.: Thompson.

———. 1994. The Beginnings of Computer Art in the United States: A Memoir. *Leonardo* 27: 39–44.

Olivier, F. 1933. *Picasso and His Friends*. Trans. J. Miller. New York: Appleton-Century, 1965.

———. 1988. *Loving Picasso*. Trans. C. Baker. New York: Abrams, 2000.

Palau i Fabre, J. 1990. *Picasso Cubism (1907–1917)*. New York: Rizzoli.

Peat, D. E. 1988. *Superstrings and the Search for the Theory of Everything*. Chicago: Contemporary Books.

Penrose, R. 1978. The Geometry of the Universe. Reprinted in *Mathematics Today: Twelve Informal Essays*, ed. L. A. Steen. New York: Vintage Books, 1980.

———. 1979. Combinatorial Quantum Theory and Quantized Directions. In Hughston and Ward.

———. 1987. On the Origins of the Twistor Theory. In *Gravitation and Geometry*, ed. W. Rindler and A. Trautman. Naples: Bibliopolis. Also available at http://users.ox.ac.uk/~tweb/00001/index.shtml.

———. 1989. *The Emperor's New Mind*. Oxford: Oxford University Press.

———. 1994. *Shadows of the Mind: A Search for the Missing Science of Consciousness*. Oxford: Oxford University Press.

———. 2004. *The Road to Reality: A Complete Guide to the Laws of the Universe*. London: Jonathan Cape.

Penrose, R., and Rindler, W. 1984 (vol. 1), 1986 (vol. 2). *Spinors and Space-Time*. Cambridge: Cambridge University Press.

Poincaré, H. 1905. *Science and Hypothesis*. Trans. J. Larmor. New York: Dover, 1952.

———. 1913. *Last Thoughts*. Trans. J. W. Bolduc. New York: Dover, 1963.

Poncelet, J. V. 1822. *Traité des propriétés projectives des figures* (Treatise on the Projective Properties of Figures). Reprint, Paris: Gauthiers-Villars, 1865.

Robbin, T. 1989. Quasicrystal Architecture. *ISISS Budapest*. Reprinted in *Leonardo* 23, no. 1.

———. 1992. *Fourfield: Computers, Art, and the Fourth Dimension*. Boston: Little, Brown.

———. 1996. *Engineering a New Architecture*. New Haven: Yale University Press.

———. 1997. An Architectural Body Having a Quasicrystal Structure. U.S. Patent and Trademark Office, patent number 5,603,188.

———. 1997. Quasicrystal Architecture: The Space of Experience. In *Beyond the Cube*, ed. J. F. Gabriel. New York: Wiley.

———. 2005. Four-Dimensional Projection: Art and Reality. In *Visual Mind II*, ed. M. Emmer. Cambridge, Mass.: MIT Press.

Rosenfeld, D. 1991. *European Painting and Sculpture, ca. 1770–1937, in the Museum of Art, Rhode Island School of Design*. Providence, R.I.: The Museum.

Rucker, R. v. B. 1977. *Geometry, Relativity and the Fourth Dimension*. New York: Dover.

———. 1980. *Speculations on the Fourth Dimension: Selected Writings of Charles H. Hinton*. New York: Dover.

———. 1987. *Mind Tools*. Boston: Houghton Mifflin.

参考文献

Ruhla, C. 1992. *The Physics of Chance, from Blaise Pascal to Niels Bohr.* Trans. G. Barton. Oxford: Oxford University Press.

Ryan, P. J. 1986. *Euclidean and Non-Euclidean Geometry: An Analytic Approach.* Cambridge: Cambridge University Press.

Schläfli, L. 1852. *Theorie de vielfachen Kontinuität.* Reprint, Zurich: Zurcher und Furrer, 1901. Translated in part by A. Cayley as "On the Multiple Integral . . . ," *Quarterly Journal of Pure and Applied Mathematics* 2 (1858): 269–301.

Schlegel, V. 1882. Quelque théorèmes géométrie à *n* dimensions (Some Theorems in *n*-Dimensional Geometry). *Bulletin de la Société Mathématique de France* 10: 172–203.

——. 1885. Ueber Projektionsmodelle der regelmässigen vier-dimensional Körper (On the Projection Models of the Regular Four-Dimensional Figures). Pamphlet distributed with the Shilling and Brill models.

School of Mathematics and Statistics, University of St. Andrews, Scotland. n.d. Math biographies. http://www-gap.dcs.st-and.ac.uk/~history/BiogIndex.html.

Schoute, P. H. 1902. *Mehrdimensionale Geometrie: Die Linearen Räume* (Higher-Dimensional Geometry: The Linear Space). Leipzig: G. J. Göschensche Verlagshandlung.

——. 1905. *Mehrdimensionale Geometrie: Die Polytope* (Higher-Dimensional Geometry: The Polytope). Leipzig: G. J. Göschensche Verlagshandlung.

Senechal, M. 1995. *Quasicrystals and Geometry.* Cambridge: Cambridge University Press.

——. 2004. The Mysterious Mr. Ammann. *Mathematical Intelligencer* 26: 10–21.

Senechal, M., and G. Fleck, eds. 1988. *Shaping Space.* Boston: Birkhäuser.

Seyranian, G., and M. D'Zmura. 2001. Search and Navigation in Environments with Four Spatial Dimensions. Available on the University of California at Irvine's 4D Virtual Environment Web site, http://www.vrlab.uci.edu/vrlab/movies/spaceship.html.

Smolin, L. 2001. *Three Roads to Quantum Gravity.* New York: Basic Books.

Sommerville, D. M. Y. 1929. *An Introduction to the Geometry of N Dimensions.* Reprint, New York: Dover, 1958.

Stein, G. 1933. *The Autobiography of Alice B. Toklas.* Reprint, London: Penguin Books, 1966.

Stephens, P. W., and A. I. Goldman. 1991. The Structure of Quasicrystals. *Scientific American* 264, no. 4: 44.

Stillwell, J. 1989. *Mathematics and Its History.* New York: Springer-Verlag.

Story, W. E. 1897. Hyperspace and Non-Euclidean Geometry. *Mathematical Review* 1.

Stringham, W. I. 1880. Regular Figures in *n*-Dimensional Space. *Journal of Mathematics* 3: 1–14.

——. 1885. On the Rotation of a Rigid System in Space of Four Dimensions. *Proceedings of the American Association for the Advancement of Science* (Philadelphia, September 1884, thirty-third meeting), 55–57.

Struik, D. J. 1984. *A Concise History of Mathematics.* New York: Dover.

Sylvester, J. J. 1869. A Plea for the Mathematician. *Nature* 1 (30 December): 238.

Thorne, W. M. 1888. *Junior Course: Mechanical Drawing.* Philadelphia: Williams, Brown and Earle.

van Gogh, V. *Van Gogh: A Self-Portrait, Letters Revealing His Life as a Painter,* ed. W. H. Auden. New York: Dutton, 1963.

Von Foerster, H. 1971. Reports of the Biological Computer Laboratory, Department of Electrical Engineering, University of Illinois, Urbana, nos. 712 and 722.

Walter, S. 1999. The Non-Euclidean Style of Minkowskian Relativity. In *The Symbolic Universe,* ed. J. Gray. Oxford: Clarendon Press.

Weeks, J. R. 1985. *The Shape of Space.* New York: Marcel Dekker.

——. 2004. The Poincaré Dodecahedral Space and the Mystery of the Missing Fluctuations. *Notices of the AMS* 51: 610–19.

著作版权合同登记号：01-2020-1094

图书在版编目（CIP）数据

时空投影：第四维在科学和现代艺术中的表达／（美）托尼·罗宾著；潘可慧，潘涛译；潘涛校 . —北京：新星出版社，2020.10
ISBN 978-7-5133-3915-5

Ⅰ.①时… Ⅱ.①托… ②潘… ③潘… Ⅲ.①射影几何-普及读物 Ⅳ.① O185.1-49

中国版本图书馆 CIP 数据核字（2019）第 296021 号

新未来

时空投影：第四维在科学和现代艺术中的表达

[美]托尼·罗宾 著；潘可慧，潘涛 译；潘涛　校

出版策划：姜　淮　黄　艳
责任编辑：杨　猛
责任校对：刘　义
责任印制：李珊珊
封面设计：宋　涛

出版发行：新星出版社
出 版 人：马汝军
社　　址：北京市西城区车公庄大街丙3号楼　　　100044
网　　址：www.newstarpress.com
电　　话：010-88310888
传　　真：010-65270449
法律顾问：北京市岳成律师事务所

读者服务：010-88310811　　service@newstarpress.com
邮购地址：北京市西城区车公庄大街丙3号楼　　　100044

印　　刷：北京美图印务有限公司
开　　本：660mm×970mm　　1/16
印　　张：14
字　　数：168千字
版　　次：2020年10月第一版　　2020年10月第一次印刷
书　　号：ISBN 978-7-5133-3915-5
定　　价：49.00元

图版 1 四维中的正图形。计算机绘图由宫崎兴二、石井源久制作

图版 2　丹麦理工大学于 2004 年毁坏之前的准晶。1994 年由笔者所建

图版 3《1979—8》（托尼·罗宾，1978 年）。丙烯画，70 英寸 ×120 英寸

图版 4 《蜗牛》（乔治·弗朗西斯，1992—2005 年），伊利诺伊大学香槟分校贝克曼研究所

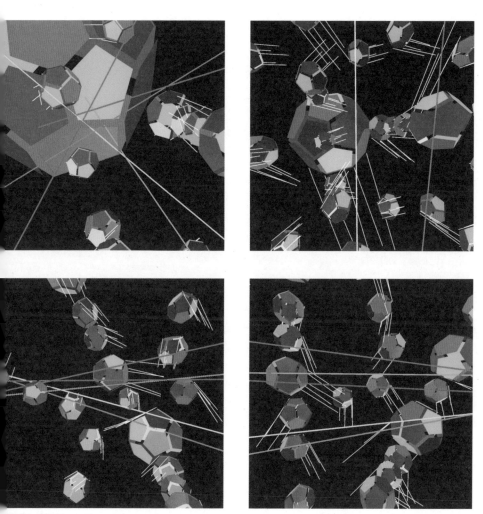

图版 5 《ZY 空间》（乔治·弗朗西斯，1994—2003 年），伊利诺伊大学香槟分校贝克曼研究所

图版 6 《2002—5》（托尼·罗宾，2002 年）。丙烯画，56 英寸 ×70 英寸